星间可控场力作用的航天器相对运动机理与控制方法

张元文　朱彦伟　黄　涣　著

科学出版社
北京

内 容 简 介

　　星间可控场力作用的航天器相对运动技术成为当前在轨服务领域研究热点，不消耗推进剂，无羽流污染，具有连续、可逆、非接触以及同步控制能力。相较传统推力作用而言，星间可控场力作用的航天器相对运动在动力学建模、动力学特性分析以及控制设计方面涌现出许多新的特点与需求。本书针对以电磁力、库仑力和磁通钉扎效应力为代表的星间可控场力作用，系统论述星间可控场力及其作用的航天器相对运动概念与内涵、研究现状与发展趋势、关键技术，并给出相关研究建议。

　　本书可供从事新概念航天器设计、航天器相对运动和在轨服务等领域的研究人员和工程技术人员参考，也可作为高等院校飞行器设计、自动控制等相关专业高年级本科生及研究生的参考教材。

图书在版编目(CIP)数据

　　星间可控场力作用的航天器相对运动机理与控制方法/ 张元文，朱彦伟，黄涣著. —北京：科学出版社，2019.10

　　ISBN 978-7-03-062597-7

　　Ⅰ. ①星… Ⅱ. ①张… ②朱… ③黄… Ⅲ. ①航天器－轨道力学－动力学－研究 ②航天器－飞行控制－研究 Ⅳ. ①V448.2

　　中国版本图书馆 CIP 数据核字(2019)第 224852 号

责任编辑：陈　静　高慧元 / 责任校对：郑金红
责任印制：吴兆东 / 封面设计：迷底书装

科 学 出 版 社 出版
北京东黄城根北街 16 号
邮政编码：100717
http://www.sciencep.com

北京中石油彩色印刷有限责任公司 印刷
科学出版社发行　各地新华书店经销
*
2019 年 10 月第 一 版　开本：720×1 000　1/16
2020 年 1 月第二次印刷　印张：10 3/4　插页：2
字数：204 000

定价：**99.00** 元
(如有印装质量问题，我社负责调换)

前　　言

随着空间科学技术的发展以及应用需求的推进，航天器相对运动逐渐成为一类重要的空间任务操作与价值利用实现模式，为在轨服务、大型结构在轨组装、空间攻防对抗等新技术发展提供了运动基础。

星间可控场力作用指利用航天器所带特定装置主动产生电场或磁场间相互作用生成的力/力矩控制航天器间相对位置与姿态，不消耗推进剂，无羽流污染，具有连续、可逆、非接触及同步控制能力，为航天器相对运动控制提供了一种全新思路与技术途径。近十年来，以电磁力、库仑力和磁通钉扎效应力为代表的星间可控场力在航天器相对运动领域得到广泛关注及初步研究。2008 年 5 月，世界著名的英国《新科学家》杂志发表专文，介绍了美国麻省理工学院正在研究利用超导电磁力实现航天器编队控制；受 2005 年发表于 *Nature* 的关于利用引力实现流星体运动变向研究启发，Hogan 和 Schaub（航空航天领域国际知名期刊 *Journal of Guidance, Control, and Dynamics* 副主编）研究了利用星间库仑力实现失效卫星离轨操作的可行性及效益；另外，从 2007 年开始，美国康奈尔大学的 Peck 教授团队持续开展磁通钉扎效应力作用、地面/在轨试验及应用研究。

进入 21 世纪，国际空间领域战略态势呈现"拥挤、竞争、对抗"新特点，引领空间技术向"更快、更高、更强"目标发展。"更快"体现在发展快速响应空间系统，全方位推动快速进入与利用空间；"更高"体现在深空探测快速发展，空间对抗更加关注高轨目标，出现了更多智能化、多样化的新概念航天器；"更强"体现在追求空间系统价值创造和性能提升的新途径，大力发展集群飞行、在轨操控等新技术。灵活、高效、多样的航天器相对运动控制是实现空间技术"更快、更高、更强"发展目标的共性要求，因而也成为当前空间技术领域研究热点与前沿，代表了航天器动力学与控制研究新的发展方向。与传统喷气推进控制相比，星间可控场力作用的航天器相对运动控制技术具有几方面突出优势：一是仅消耗电能而不消耗燃料，提高了航天器系统任务寿命；二是消除了羽流效应，避免了对邻近航天器有效载荷的不利影响；三是通过改变电流大小和方向，易于实现连续和可逆控制，提高了控制的灵活性与精度。从面向未来的发展角度来看，星间可控场力作用与控制在研制新型在轨自组装系统、新概念自适应薄膜成像系统、航天器抗空间辐射主动防护系统、空间站人造重力环境、空间攻防对抗等军事或民用领域都具有突出优势，应用潜力巨大。

　　针对以电磁力、库仑力和磁通钉扎效应力为代表的星间可控场力作用的航天器相对运动，依据电场与磁场间内在物理联系，本书阐述了这三类力作用的特性及共性原理、航天器相对运动机理与控制方法，具有较强的理论创新和研究价值。

　　本书研究工作得到国家自然科学基金、上海航天科技创新基金、国防科技大学"双重"建设等项目支持，书稿撰写得到国防科技大学杨乐平教授、中国科学院微小卫星创新研究院蒋峻高级工程师等专家指导，国防科技大学戚大伟博士生、张润德硕士生在文字校对、格式修改等方面做了有益工作，在此深表谢意。

　　限于作者水平，书中疏漏和不当之处在所难免，敬请读者批评指正。

作　者

2019 年 7 月

目　　录

彩图

第 1 章 绪 论

相对运动逐渐成为航天器在轨任务与价值实现的重要运动基础,目前主要采用基于推力器控制的模式,存在推进剂消耗、羽流污染、断续控制等不足。近 20 年来,基于星间可控场力(以电磁力(即磁场力)、库仑力(即电场力)、磁通钉扎效应力为代表)作用的航天器相对运动得到初步研究与试验验证。

星间电磁力作用的航天器相对运动研究始于 20 世纪 90 年代,起初作为航天器对接系统的辅助装置。经过近 20 年的发展,目前已形成航天器电磁对接/分离、电磁编队飞行、电磁涡流消旋等几类研究方向。其中,电磁对接/分离与电磁涡流消旋研究中,航天器间相对距离为 0~10m,属于超近距离相对运动范畴;电磁编队飞行研究中,航天器间相对距离为 10~100m,属于近距离相对运动范畴。另外,航天器电磁对接/分离主要研究如何充分利用电磁力以实现高效的航天器柔性对接与安全分离;电磁编队飞行主要研究如何利用电磁力以实现航天器编队初始化、保持与重构;电磁涡流消旋主要研究如何利用超导强磁场使失效旋转目标产生涡流及次级磁场,超导强磁场与次级磁场相互作用产生制动力矩使目标消旋。星间库仑力作用的航天器相对运动研究始于 2002 年[1,2],起初主要针对自然等离子体环境引起航天器带电所产生的库仑力进行研究,后续开始研究如何主动给航天器喷射电荷以产生可控库仑力,以及利用星间库仑力的航天器编队与对接/分离技术。星间磁通钉扎效应力作用的航天器相对运动有效利用了场冷超导体与关联磁铁间作用关系,可用于模块化航天器在轨组装、重构等。

以电磁力、库仑力、磁通钉扎效应力为代表的星间可控场力作用存在许多共性问题,如作用力与航天器间相对位置/姿态的强非线性耦合、作用力建模的物理特性、非线性控制需求等;另外,从物理学角度分析可知,电场和磁场间存在内在物理联系,电磁力、库仑力、磁通钉扎效应力的建模存在潜在统一性;同时,可充分利用星间可控场力的非接触内力、与相对状态的强非线性耦合等特性开展制导控制一体化优化设计。

目前,国内外研究者针对某类星间可控场力开展了作用力产生机理、动力学与控制、地面与在轨试验等研究,但尚无星间可控场力作用航天器相对运动技术的相关系统阐述,其作用的共性动力学与控制等关键技术仍未得到梳理。本书针对以电磁力、库仑力和磁通钉扎效应力为代表的星间可控场力作用,系统论述星间可控场力及其作用的航天器相对运动概念与内涵、研究现状与发展趋势，从动力学与控制角度提炼其固有关键技术，对其技术发展提出相关研究建议。

1.1　基本概念与内涵

1.1.1　基本概念

星间可控场力为作用于航天器之间、大小与方向均可控的场力，由航天器携带特定装置产生可控场、场与场之间相互作用所生成。截至目前，已得到理论研究及初步试验验证的星间可控场力包括电磁力、库仑力以及磁通钉扎效应力等。万有引力虽也属于其中一类，但其不可控，故未纳入本书所探讨的星间可控场力范畴，特此说明。其中，星间可控库仑力由航天器表面所带电荷(由空间等离子体环境作用、主动喷射电荷等方式所形成)之间相互作用产生，星间可控磁场力由航天器所带磁线圈装置(包括常导线圈、高温超导线圈等)通电形成磁场之间相互作用产生，星间可控磁通钉扎效应力由航天器上经过场冷处理的高温超导装置与其他电磁装置相互作用产生，为一类特殊的磁场力。

星间可控场力作用的航天器相对运动指由星间可控场力、传统推力以及地球引力联合作用的航天器间相对运动，包括星间相对位置/姿态的变化规律。随着空间科学技术的发展以及应用需求的推进，航天器间相对运动逐渐成为一类重要的空间任务操作与价值利用实现模式，为在轨服务、大型结构在轨组装、空间攻防对抗等新技术发展提供了运动基础。星间可控场力作用的航天器相对运动满足机械能守恒、线动量守恒、角动量守恒等定律，不能改变航天器集群系统质心运动状态，但具有相对平衡态、几何对称性、自对准/自对接等特殊动力学特性。

1.1.2　技术内涵

星间可控场力作用的航天器相对运动具有不消耗推进剂，无羽流污染，连续、可逆、非接触及同步控制能力，非常适用于长期、近距离、高精度的，以航天器相对运动为基础的在轨服务任务，应用前景广阔。然而，伴随如上优势而来的是星间可控场力/力矩的操控空间限制，航天器间相对运动动力学的强耦合性、强非线性以及动力学约束作用等。

(1)星间可控场力/力矩的操控空间限制：相对距离过远时，场力/力矩数值急剧减小以致可忽略不计；相对距离过近时，场力/力矩对相对距离变化非常敏感，进而对相对距离的测量精度、电荷或电流的控制精度等要求甚高。

(2)航天器间相对运动动力学的强耦合性：场力作用相较传统推力作用差异的典型标志，即存在姿/轨强耦合、姿态或轨道各控制通道强耦合、航天器间相对运动强耦合等特性，具有"牵一发而动全身"的特点。

(3)航天器间相对运动动力学的强非线性：场力/力矩与航天器间相对距离的 $N(N>1)$ 次方成反比，场力/力矩为各航天器电荷或电流乘积的函数，场力/力矩为航天器间相对姿态三角表达式乘积的函数。

(4)星间可控场力作用的航天器相对运动的动力学约束：当各航天器电荷或电流取常值时，对应的场力/力矩属于保守力场，满足机械能、线动量及角动量守恒等约束，进而对航天器间相对运动状态产生约束，需要考虑与传统推力作用配合以实现全面的航天器在轨任务。

另外，星间可控场对航天器上电子元器件、设备等存在潜在干扰风险，需要探讨屏蔽指标，研究相应的屏蔽策略与方法，确保场强低于敏感元件所能承受的强度阈值。另外，以库仑力、磁场力以及磁通钉扎效应力为代表的星间可控场力作用具有较多物理相通性，如电磁场之间的转换、守恒特性等。因此，有必要首先研究库仑力、磁场力以及磁通钉扎效应力作用的共性物理基础，进而研究各场力作用的特点，以期有效利用其动力学特性拓展在轨任务、简化控制系统设计以及提高控制性能，本书后续内容正是基于此思路进行系统阐述。

1.2　星间可控场力研究现状与应用发展历程

星间可控场力作用的航天器相对运动尚未在轨实际应用，但已开展了近 20 年的理论研究、地面演示验证试验以及在轨初步功能验证。本节从星间可控场力建模与力学特性、星间可控场力作用的航天器相对运动建模与动力学特性、星间可控场力作用的航天器相对运动控制、地面气浮平台与空间微重力环境试验等出发开展库仑力、磁场力以及磁通钉扎效应力的研究现状与应用发展历程阐述。

1.2.1　星间可控库仑力

星间可控库仑力应用研究概况如图 1.1 所示，涵盖库仑力编队，库仑-系绳编队以及相关的编队数目、编队类型、轨道类型对运力学建模与特性的影响，控制律设计，拓展应用分析等。

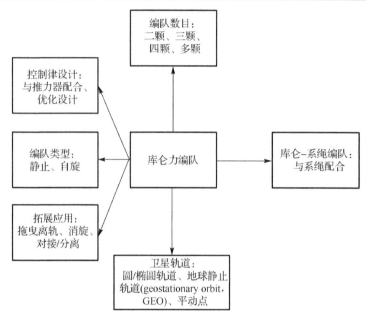

图 1.1 星间可控库仑力应用研究概况

1. 建模与力学特性

库仑力编队作用机理与磁场力编队具有一致性，如与相对位置强非线性耦合等，但也具有差异性，如库仑力矢量仅沿两电荷连线方向、航天器相对姿态对其影响较小、与相对位置呈 2 次方反比关系(磁场力约为 4 次方反比关系)等。由于库仑力数学模型较磁场力简单，两、三、四以及多航天器库仑力编队动力学已有一些解析解：针对两航天器库仑力编队系统，假设系统质心沿圆轨道运动，Yamamoto 和 Natarajan 等基于 Hill 方程建立了航天器间相对运动的动力学模型[3-7]；Vasavada 则给出了四航天器库仑力编队直线、共面、空间三维模式的解析解，并分析了集中式计算(单颗星计算然后指令下发给其余库仑星执行)与分布式计算(每颗航天器库仑力都参与计算及执行指令)的优势与不足[8]。同时，文献[4]也分析了空间等离子体环境对库仑力作用的德拜(Debye)屏蔽效应(由德拜半径 λ_d 表征，如图 1.2 所示)，将德拜半径引入了库仑航天器间相对运动动力学模型以及反馈控制律。其中，德拜半径及其对星间库仑力幅值影响表示为

$$\begin{cases} \lambda_d = \sqrt{\dfrac{\mu_0 KT}{2Ne^2}} \approx 49\sqrt{\dfrac{T}{N}} \\ F_{\text{Debye}} = F_{\text{Nominal}}\,e^{-d/\lambda_d} = k_c\,\dfrac{q_1 q_2}{d^2}\,e^{-d/\lambda_d} \end{cases} \tag{1.1}$$

式中，F_{Nominal} 为真空库仑力；F_{Debye} 为空间等离子体环境影响的库仑力；N、T 分别为空间等离子体的电子密度与温度；e 为单元电荷量；e 为自然常数；K 为玻尔兹曼常量；k_c 为库仑常数；d 为电荷间距；q 为电荷；$\mu_0 = 4\pi \times 10^{-7} \text{N} / \text{A}^2$，为真空磁导率。

由式 (1.1) 估算可知，低轨空间环境德拜半径为厘米量级，而地球静止轨道等高轨空间环境德拜半径达到几十至几百米。因此，库仑力编队一般应用于高轨及深空探索任务场景。

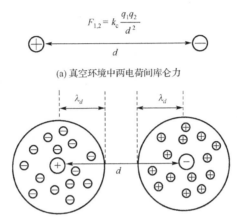

(a) 真空环境中两电荷间库仑力

(b) 等离子体环境中两电荷间库仑力

图 1.2　库仑力计算原理示意图

2. 航天器库仑力编队相对运动动力学特性

Natarajan 等针对双星库仑力编队的沿轨道坐标系的径向 (R-bar)、切向 (V-bar) 及法向 (H-bar) 构型保持，采用小偏差理论线性化动力学模型，并基于劳斯稳定性判据分析了构型保持平衡态的稳定性[5-7]；Yamamoto 等进一步考虑了德拜屏蔽效应对动力学模型及稳定性的影响[4]；Inampudi 等研究了平动点处双星库仑力编队的动力学模型与稳定性[9,10]。

3. 航天器相对运动控制

针对航天器库仑力编队问题，许多学者探讨了相关控制策略与方法：Natarajan 等针对沿切向和法向分布的双星编队系统，考虑采用库仑力和传统推力联合作用以控制双星间距以及双星连线的空间指向，提出库仑力主要用于控制双星间距，而传统推力主要用于控制双星连线在空间的指向[11]，该控制策略也可用于抵消太阳光压差对编队系统的影响；针对旋转双星或三星库仑力编队系统，Wang 等研究了一些非线性控制策略，并指出轨道运动对库仑力编队旋转动力学的影响可忽略[12,13];考虑沿地球圆轨道运动和位于地-月平动点双星库仑力编队系统的大圆平衡态与非大圆平衡态问题,Inampudi 首先研究了其动力学与稳定性[14],在此基础上进一步研究了利用库仑力实现干扰(如太阳光压差)补偿的控制问题[15]。

针对航天器库仑力编队重构问题,许多学者也探讨了相关控制策略与方法。Natarajan 等研究了对地定向双星库仑力编队重构的线性动力学模型与稳定性[3],该重构主要为双星间相对距离沿地心矢径方向的伸长及缩短,分析了该重构过程所需满足的速率(即重构过程的稳定条件),同时开展了利用库仑力和引力梯度矩的稳定控制策略研究。Inampudi 等针对双星库仑力编队平衡态构型重构问题,分别研究了以时间最短、两星间分离速度最小、燃料消耗最省以及电能消耗最少为目标函数,采用库仑力和推力协同控制以实现构型重构[16,17],其核心思想为如何较好地利用库仑力,并采用伪谱法进行优化,得出了一些有益结论:径向构型重构仅需采用库仑力即可实现,其他方向构型重构需综合采用库仑力和推力,其中库仑力用于两星间径向运动控制,而推力用于横向运动控制。Jones 等基于不变流形理论研究了双星库仑力编队的最优重构问题[18],其核心思想为充分利用库仑力编队系统的开环流形与主动流形切换补偿控制实现构型重构,尽量减少燃料消耗,研究思路为:对库仑力编队动力学系统的流形进行理论分析,寻找沿流形运动、近似连续变化的运动规律,针对非连续处的状态变化需求,采用主动控制实现运动曲线的连续化。针对库仑卫星间相对运动碰撞避免需求,基于二体运动的圆锥曲线规律,Wang 等提出了"三段分段连续对称轨迹设计"策略(图 1.3)[19]。图中 AB 弧段与 CE 弧段对称,为排斥阶段;BD 弧段与 DC 弧段对称,为吸引弧段;SC_1、SC_2 分别表征两颗库仑航天器;O 为库仑航天器 2 质心。另外,文献[20]针对 GEO 等高轨航天器库仑力编队重构,研究了库仑力、电/离子推进联合控制方法。

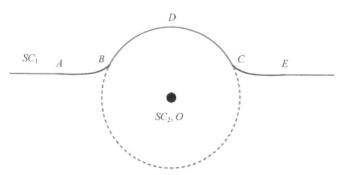

图 1.3　面向碰撞避免的三段分段连续对称轨迹设计

4. 地面气浮平台试验

Seubert 等搭建了地面试验系统(图 1.4)，设计了试验框架(图 1.5)，并通过一维地面试验分析了径向、切向及法向库仑力作用的约束运动规律[21]；同时，研究了几类典型库仑力模型：球-点电荷模型、有限元球-有限元球模型，以及德拜效应对该两类模型的影响[22]。

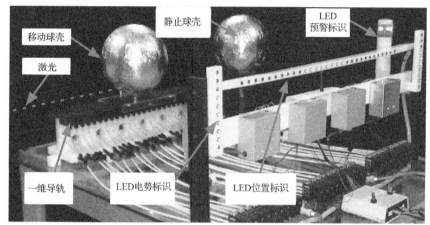

图 1.4　库仑力相对位置控制的一维地面试验系统

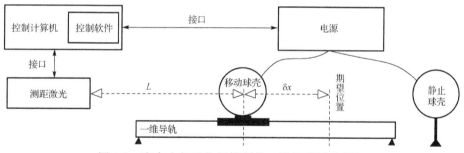

图 1.5　库仑力相对位置控制的一维地面试验框架

5. 拓展应用

星间库仑力作用的航天器相对运动主要包括库仑力编队、库仑力控制的系绳航天器、库仑力拖曳离轨、库仑力作用的失效卫星非接触消旋等。

1) 库仑力编队

库仑力编队研究始于 2002 年，先驱者为美国密歇根科技大学的 King 教授等。

2) 库仑力控制的系绳航天器

库仑力控制的系绳航天器如图 1.6 所示，其基本原理为：综合利用库仑力作用和航天器系绳连接实现可重构大型空间结构，其中库仑力用于调整大型空间结构构型及实现结构的展开，而系绳长度及其与航天器的连接布置影响大型空间结构构型。系绳连接配置约束了大型空间结构构型，可简化库仑力控制负担，即无须高精度的电荷控制，且大型空间结构具有"凝聚性"。目前，重点在空间结构刚度分析[23]、动力学可行性[24]、节点姿态运动对整个空间结构影响[25]等方面开展了研究。

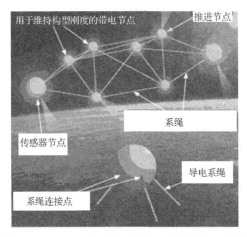

图 1.6　库仑力控制的系绳航天器结构示意图

3）库仑力拖曳离轨

Hogan 等针对地球同步轨道库仑力拖曳离轨（图 1.7）背景，研究了拖船/失效卫星尺寸对库仑力作用的拖曳离轨影响，得出结论：拖船尺寸越大，可拖曳的失效卫星尺寸范围越广[26]。

图 1.7　库仑力拖曳离轨

4) 库仑力作用的失效卫星非接触消旋

针对失效卫星拖曳离轨前的消旋需求（已有拖曳手段对失效卫星的自旋速度提出需求，一般要求不大于 10°/s），Stevenson 等提出了基于库仑力作用的失效卫星非接触消旋方法（图 1.8），搭建了对应的地面试验系统（图 1.9），开展了控制算法设计与试验分析[27]：两模拟星相距 45cm；地面试验发现，库仑力控制的最大干扰来自于控制电荷极性调节的滞后。

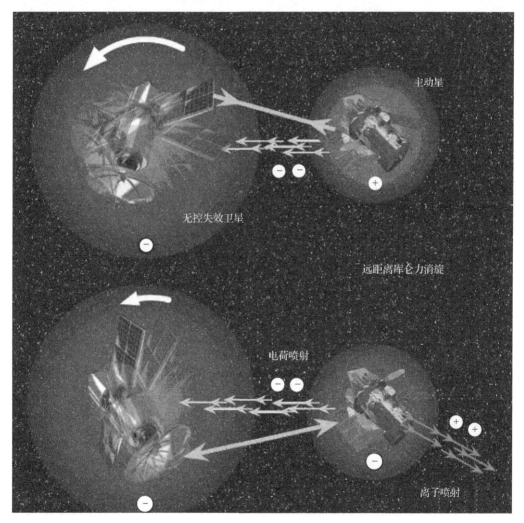

图 1.8　库仑力作用的失效卫星非接触消旋方法

另外，包括哈尔滨工业大学、国防科技大学等在内的国内高校也开展了一定的理论研究[28-30]。

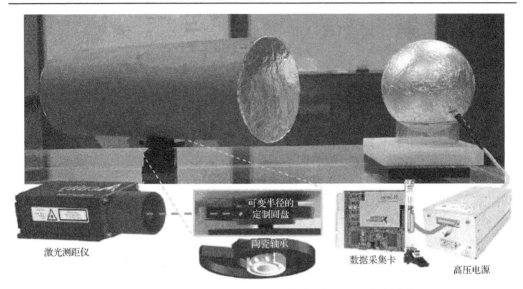

激光测距仪　　　可变半径的定制圆盘　　陶瓷轴承　　数据采集卡　　高压电源

图 1.9　库仑力作用的失效卫星非接触消旋地面试验系统

1.2.2　星间可控磁场力

磁场力空间应用研究发展历程可归纳为：磁力矩器—电磁辅助对接装置—电磁对接/分离—电磁编队飞行—电磁感应致能量无线传输—电磁涡流消旋。

磁力矩器主要应用于卫星姿控系统的角动量卸载[31-33]；磁力矩器姿态控制大多采用主动控制策略，我国曾利用磁控手段成功挽救了失控的"风云一号"B星[34]。近年来，研究者对磁棒及其驱动控制电路的设计、磁力矩器与其他姿态控制装置的联合应用等开展了大量研究。另外，针对磁力矩器使用对航天器星上电子的影响也进行了深入研究，得出了一些有益结论[35,36]。

电磁辅助对接概念已提出 20 余年，主要利用其自主吸附特性，可显著提高对接精度且降低控制系统负担，目前在国内外已得到初步研究，包括磁力杆、磁力捕获环、通用对接装置(universal docking port，UDP)等：面向空间柔性对接需求，美国的 Barker 和 Schneider 等研究及设计了一类"磁对接探针"，探讨了磁对接杆构型及其部署[37,38]；在对土星卫星泰坦的表层进行探索的航天器遥操作试验中，研究了基于电磁辅助装置的自导引对接方法,具有较好的稳定性、简便性及高效性[39]；近年来，麻省理工学院提出了一类 UDP(图 1.10)[40-42]，拟将该装置应用于模块化航天器在轨组装，内嵌了电磁辅助对接技术，目前已完成原理样机研制，相关技术已在同步无线自主重构模块(synchronized wireless autonomous reconfigurable modules，SWARM)地面试验平台上得到试验验证。

(a) UDP 结构

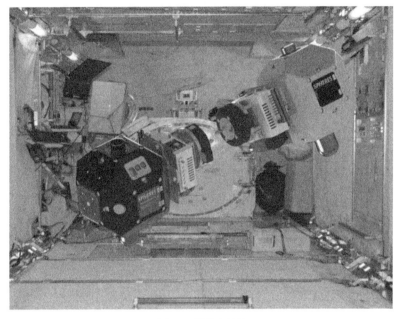

(b) UDP 微重力试验

图 1.10 麻省理工学院的 UDP

电磁对接/分离对应于超近距离的航天器间相对运动，相对距离为 0~10m，迄今为止已提出的研究项目包括美国国家航空航天局(National Aeronautics and Space Administration，NASA)约翰逊空间中心的微型自主舱外机器人相机 (miniature autonomous extravehicular robotic camera，Mini AERCam)、华盛顿大学的在轨自主服务卫星(on-orbit autonomous servicing satellite，OASiS)、得克萨斯大学的电磁导引微重力下自主对接与分离(electromagnetically guided autonomous docking and separation in micro-gravity，EGADS)、蒙大拿州立大学的二次发射寄生载荷(secondary launch interface/parasitic payload，SLIPP)、萨里大学的可重构太空望远镜自主组装(autonomous assembly of a reconfigurable space telescope，AAReST)

以及国防科技大学的空间电磁对接与分离技术验证(space electromagnetic docking and separation technology demonstration，SEDSTD)。其中，Mini AERCam 项目研究了利用星间电磁力作用实现微型观测机器人与航天飞机多次重复对接/分离的可行性，并利用地面气浮平台进行了部分技术验证(图 1.11)[43,44]；OASiS 项目研究了利用星间电磁力实现自主对接的基本原理(图 1.12)，并设计了一套由通电螺线管组成的电磁装置[45,46]；EGADS 项目设计了一套微重力条件下电磁对接/分离试验装置(图 1.13)，并于 2006 年在 C-9 航天飞机内开展了验证试验[47]；SLIPP 项目于 2007 年开展了地面一维气浮导轨的电磁对接/分离试验(图 1.14)[48]；AAReST 项目通过在轨拼接变形镜、后续光学调整与处理等操作，以实现下一代大型太空望远镜在轨组装，为避免变形镜模块拼装影响光学系统性能及推进剂消耗，采用了电磁对接/分离技术(图 1.15)；SEDSTD 项目系统开展了电磁对接/分离动力学、控制方法与地面试验研究(图 1.16)[49-52]。

图 1.11　Mini AERCam 地面试验系统

图 1.12　OASiS 地面试验系统

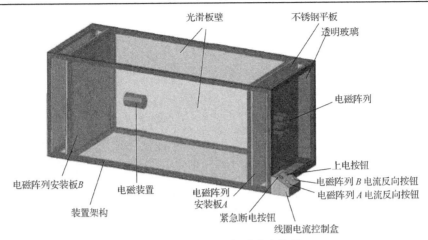

图 1.13 EGADS 地面试验装置

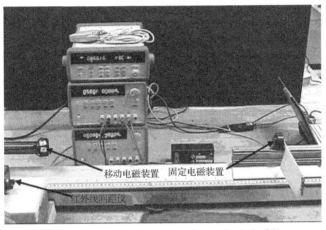

图 1.14 SLIPP 地面一维对接/分离试验系统

(a) AAReST系统

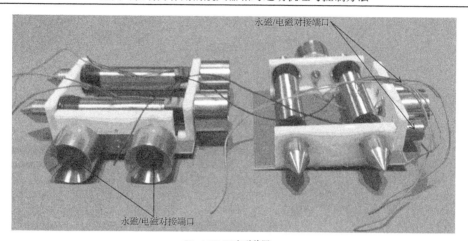

永磁/电磁对接端口

永磁/电磁对接端口

(b) AAReST电磁装置

图 1.15 AAReST 地面试验系统

电磁对接/分离
原理样机

(a) 2U模块（立方星标准模块）电磁对接/分离原理样机

(b)两代电磁对接/分离试验系统对比

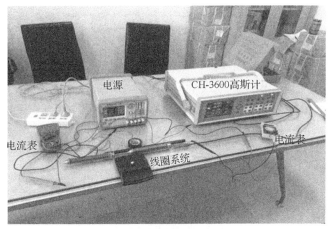

(c) 电磁感应强度测试

图 1.16　SEDSTD 地面试验系统

电磁编队飞行(electromagnetic formation flight,EMFF)对应于近距离的航天器间相对运动,相对距离为 10～100m。迄今为止已提出及在研的项目包括美国麻省理工学院和日本东京大学各自独立开展的电磁编队飞行项目,基于磁偶极子假设建立了远、中、近场电磁力模型,通过理论分析与地面试验研究了电磁力的强非线性及耦合特性,并开展了系统的非线性控制方法研究[53-56],已将所研制的超导电磁装置装配于同步位置保持与重定向试验卫星(synchronized position hold engage re-orient experimental satellites,SPHERES)系统,并在国际空间站内开展了演示验证试验[57]。相比国外而言,国内电磁编队飞行研究存在一定差距:从目前已公开发表的文献看,除国防科技大学[58-61]外,包括北京航空航天大学[62-64]、南京航空航天大学[65]、哈尔滨工业大学[66,67]、航天工程大学[68-70]等单位都开展了相关理论及初步地面试验研究。

分离模块航天器理念为新概念航天器设计与新型空间任务实现提供了创新的策略与方法,具有功能全面、容错性强、可扩展性等优势,但同时提出了空间无线能量传输、非接触作用力传递等需求。基于电磁感应的共振诱导(resonant inductive,RI)原理,利用电磁波无线传递能量成为目前研究热点:文献[71]给出了电磁辐射和通过电磁波无线传递能量的基本原理;马里兰大学的空间能量与推进实验室联合极光飞行科学公司、麻省理工学院的空间系统实验室开展了电磁感应共振诱导的无线能量传输研究,已将所研制的电磁装置安装于 SPHERES 平台;已得到部分应用的 SplashPad 产品,可对多种电子产品进行无线充电,其机理也是采用电磁感应的共振诱导原理[72]。另外,马里兰大学正开展的共振诱导近场生成系统(resonant inductive near-field generation system,RINGS)项目(图 1.17)融合了超导电磁编队飞行及无线能量传输两项技术，通过同一套电磁装置实现，并在国际空间站内开展了初步性能分析试验(图 1.17)；受其启发，泰坦星探测项目拟采用该技术，为其探测器进行无线能量传输[39]。

(a) RINGS 实物

(b) RINGS 在航天飞机内微重力试验

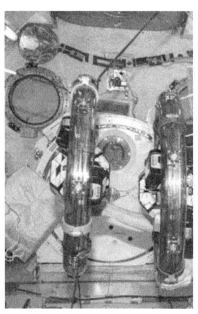

(c) RINGS 在国际空间站内试验

图 1.17　RINGS 项目

1.2.3 星间可控磁通钉扎效应力

与传统机械连接相比，一种通过超导磁通钉扎效应力将模块非接触连接的技术为航天器在轨组装/重构提供了新思路[73,74]。磁通钉扎效应力存在于第 II 类高温超导体与磁体之间，具有非接触作用、刚度与阻尼特性、被动稳定等特点，模块连接过程中可提供可靠的缓冲系统，形成的非接触接口无须主动控制即可保持模块间相对位置/姿态稳定。同时，空间热环境也易于满足超导体低温状态，从而保持磁通钉扎作用。

截至目前，国内外已开展了初步理论分析与地面或空间微重力试验研究。国防科技大学张元文、高策等开展了磁通钉扎作用的星间相对运动动力学与控制技术研究[75-77]；哈尔滨工业大学的路勇、张明亮等对可重构磁通钉扎连接进行了理论分析和地面试验验证[78-80]。针对模块化航天器在轨装配任务背景，美国康奈尔大学对超导磁通钉扎作用进行了较为深入的研究：Norman 等建立了双星磁通钉扎编队的简化模型并对其动力学特性进行了仿真分析[81]；Jones 等利用 Lyapunov 理论分析了磁通钉扎接口稳定性并设计了 PID 控制器[82]；Shoer 等利用实验测量了磁通钉扎作用的六自由度(6-DOF)刚度，基于磁通钉扎作用构建不同自由度的运动机构，在气浮平台上进行了重构原理性验证，并依托 NASA 的便捷进入空间环境技术发展与训练(facilitated access to the space environment for technology development and training，FAST)项目进行了立方模块六自由度状态保持与旋转机构的微重力试验(图 1.18 及图 1.19)[83]。另外，Shoer 等首先提出序列平衡态的概念，建立多体动力学模型并进行了重构仿真分析[84,85]，开展了动量轮驱动的铰链旋转气浮平台试验以验证相关理论分析与设计的正确性(图 1.20)[86]。

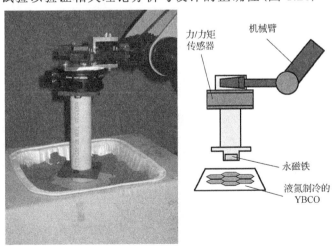

图 1.18　超导磁通钉扎作用地面静态刚度测量试验
(图中 YBCO(Yttrium Barium Copper Oxide)指氧化钇钡铜)

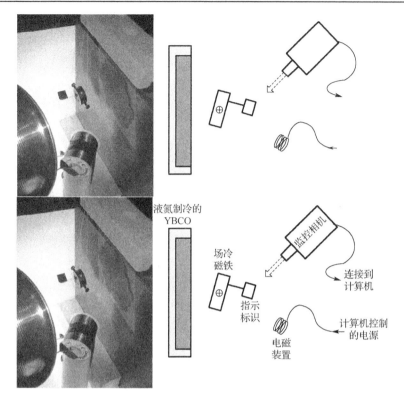

图 1.19 超导磁通钉扎作用地面动态刚度测量试验

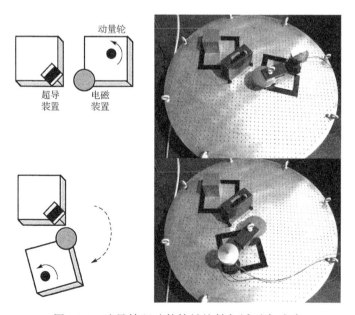

图 1.20 动量轮驱动的铰链旋转气浮平台试验

1.3 本书组织结构与主要内容

针对以库仑力、电磁力和磁通钉扎效应力为代表的星间可控场力作用下航天器相对运动的动力学与控制，基于电场与磁场间内在物理联系，本书阐述了这 3 类力作用的特性及共性原理、星间可控场力作用的航天器相对运动机理与控制方法、地面试验分析、应用前景等。全书共 6 章，包括绪论、星间可控场力作用特点与规律、电场力作用的航天器相对运动机理、磁场力作用的航天器相对运动机理、磁通钉扎效应力对磁场力作用的拓展及其他星间可控场力、利用星间可控场力作用特点与规律的控制策略与方法，各章关系如图 1.21 所示。

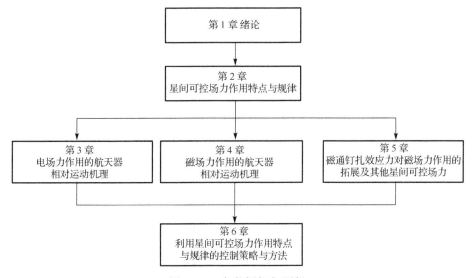

图 1.21 本书框架与逻辑

第 1 章：绪论。

第 2 章：星间可控场力作用特点与规律。详细阐述星间可控场力作用的建模方法(牛顿力学框架、分析力学框架下动力学建模)、守恒定律(总线动量、总角动量以及总机械能守恒)以及约束空间(作用空间与相对位置、电荷、磁矩之间的关系，可控变量自由度等)。

第 3 章：电场力作用的航天器相对运动机理。给出电场力作用动力学建模重点涉及的物理问题以及相关动力学特性分析。

第 4 章：磁场力作用的航天器相对运动机理。给出磁场力作用动力学建模重点涉及的物理问题以及相关动力学特性分析。

第 5 章：磁通钉扎效应力对磁场力作用的拓展及其他星间可控场力。基于磁通钉扎物理基础，研究其动力学建模的特殊性（复杂模型、冻结偶极子镜像模型等）、被动稳定特性以及其对磁场力作用的动力学拓展与约束，进一步概述其他得到初步研究的星间可控场力。

第 6 章：利用星间可控场力作用特点与规律的控制策略与方法。利用星间可控场力作用的相对平衡态、稳定不变流形、自对准、被动稳定性等潜在特性，针对对接/分离、集群飞行两类任务背景阐述控制策略与方法，并基于数值仿真算例予以验证。

参 考 文 献

[1]　King L B, Parker G G, Deshmukh S, et al. A study of inter-spacecraft Coulomb forces and implications for formation flying[C]. Proceedings of the AIAA Conference, 2002: 1-14.

[2]　King L B, Parker G G, Deshmukh S, et al. Spacecraft formation-flying using inter-vehicle Coulomb forces[R]. Michigan: Michigan Technological University, 2002: 1-103.

[3]　Natarajan A, Schaub H, Parker G G. Reconfiguration of a nadir-pointing 2-craft Coulomb tether[J]. Journal of British Interplanetary Society, 2007, 60(6): 209-218.

[4]　Yamamoto U, Yamakawa H. Two-craft Coulomb-force formation dynamics and stability analysis with Debye length characteristics[C]. Proceedings of the AIAA/AAS Astrodynamics Specialist Conference and Exhibit, 2008: 1-9.

[5]　Natarajan A, Schaub H. Linear dynamics and stability analysis of a Coulomb tether formation[C]. Proceedings of the 15th AAS/AIAA Space Flight Mechanics Meeting, 2005: 1-16.

[6]　Natarajan A, Schaub H. Linear dynamics and stability analysis of a two-craft Coulomb tether formation[J]. Journal of Guidance, Control, and Dynamics, 2006, 29(4): 831-838.

[7]　Natarajan A. A study dynamics and stability of two-craft Coulomb tether formations[D]. Blacksburg: Virginia Polytechnic Institute and State University, 2007.

[8]　Vasavada H A. Four-craft virtual Coulomb structure analysis for 1 to 3 dimensional geometries[D]. Blacksburg: Virginia Polytechnic Institute and State University, 2007.

[9]　Inampudi R, Schaub H. Orbit radial dynamic analysis of two-craft Coulomb formation at libration points[C]. Proceedings of the AIAA/AAS Astrodynamics Specialist Conference and Exhibit, 2010.

[10]　Inampudi R, Schaub H. Orbit radial dynamic analysis of two-craft Coulomb formation at libration points[J]. Journal of Guidance, Control, and Dynamics, 2014, 37(2): 682-891.

[11] Natarajan A, Schaub H. Hybrid control of orbit normal and along-track two-craft Coulomb tethers[J]. Aerospace Science and Technology, 2009, 13: 183-191.

[12] Wang S Q, Schaub H. Nonlinear feedback control of a spinning two-spacecraft Coulomb virtual structure[J]. IEEE Transactions on Aerospace and Electronic Systems, 2011, 47(3): 2055-2067.

[13] Wang S Q. Shape control of charged spacecraft cluster with two or three nodes[D]. Denver: University of Colorado, 2010.

[14] Inampudi R. Two-craft Coulomb formation study about circular orbits and libration points[D]. Denver: University of Colorado, 2010.

[15] Inampudi R, Schaub H. Distance compensating control of orbit radically aligned two-craft Coulomb formation[J]. Celestial Mechanics and Dynamical Astronomy, 2012, 112: 445-458.

[16] Inampudi R, Schaub H. Optimal reconfigurations of two-craft Coulomb formation in circular orbits[C]. Proceedings of the AIAA/AAS Astrodynamics Specialist Conference and Exhibit, 2010.

[17] Inampudi R, Schaub H. Optimal reconfigurations of two-craft Coulomb formation in circular orbits[J]. Journal of Guidance, Control, and Dynamics, 2012, 35(6): 1805-1815.

[18] Jones D R, Schaub H. Optimal reconfigurations of two-craft Coulomb formations along manifolds[J]. Acta Astronautica, 2013, 83: 108-118.

[19] Wang S Q, Schaub H. Electrostatic spacecraft collision avoidance using piece-wise constant charges[C]. Proceedings of the AAS/AIAA Space Flight Mechanics Meeting, 2009: 1-21.

[20] Saaj C M, Lappas V, Schaub H, et al. Hybrid propulsion system for formation flying using electrostatic forces[J]. Aerospace Science and Technology, 2010, 14: 348-355.

[21] Seubert C R, Schaub H. Closed-loop charged relative motion experiments simulating constrained orbital motion[J]. Journal of Guidance, Control, and Dynamics, 2010, 33(6): 1856-1865.

[22] Seubert C R, Stiles L A, Schaub H. Effective Coulomb force modeling for spacecraft in earth orbit plasmas[J]. Advances in Space Research, 2014, 54: 209-220.

[23] Panosian S. Stiffness analysis of the tethered Coulomb structure concept and application[D]. Denver: University of Colorado, 2011.

[24] Seubert C R, Panosian S, Schaub H. Dynamic feasibility study of a tethered Coulomb structure[C]. Proceedings of the AIAA/AAS Astrodynamics Specialist Conference, 2010.

[25] Seubert C R, Schaub H. Impact of nodal attitude motion on two-element tethered Coulomb structures[C]. Proceedings of the AAS/AIAA Space Flight Mechanics Conference, 2010.

[26] Hogan E A, Schaub H. Impacts of tug and debris sizes on electrostatic tractor charging performance[J]. Advances in Space Research, 2015, 55: 630-638.

[27] Stevenson D, Schaub H. Terrestrial test-bed for remote Coulomb spacecraft rotation control[J]. International Journal of Space Science and Engineering, 2014, 2(1): 96-112.

[28] Huang J, Li C J, Ma G F, et al. Coulomb control of a triangular three-body satellite formation using nonlinear model predictive method[C]. Proceedings of the 33rd Chinese Control Conference, 2014: 7685-7690.

[29] Huang J, Li C J, Ma G F, et al. Nonlinear dynamics and reconfiguration control of two-satellite Coulomb tether formation at libration points[J]. Aerospace Science and Technology, 2014, 39: 501-512.

[30] Huang J, Li C J, Ma G F, et al. Optimal two-body satellite path control actuated by Coulomb forces in the earth-moon system[C]. Proceedings of the 2014 IEEE Chinese Guidance, Navigation and Control Conference, 2014: 1252-1257.

[31] 陈闽, 张世杰, 张迎春. 基于反作用飞轮和磁力矩器的小卫星姿态联合控制算法[J]. 吉林大学学报(工学版), 2010, 40(4): 1155-1160.

[32] 郑育红, 王平. 一种用磁力矩器控制卫星姿态的新方法[J]. 宇航学报, 2000, 21(3): 94-99.

[33] 蒙涛. 皮卫星姿态确定与控制系统方案设计与实现[D]. 杭州: 浙江大学, 2007.

[34] 徐福祥. 用地球磁场和重力场成功挽救风云一号(B)卫星的控制技术[J]. 宇航学报, 2001, 22(2): 1-11.

[35] 易忠, 孟立飞, 马慧媛. 航天器磁力矩器在低轨道等离子体环境中的效应[J]. 航天器环境工程, 2008, 25(1): 26-29.

[36] 孟立飞, 易忠, 张超, 等. 磁力矩器对星外等离子分布影响分析[J]. 航天器环境工程, 2009, 26(4): 339-343.

[37] Barker W F. Magnetic docking probe for soft docking of space vehicles: 4381092[P]. 1983-01-09.

[38] Schneider W C, Nagy K, Schliesing J A. Magnetic docking aid for orbiter to ISS docking[C]. Proceedings of the 30th Aerospace Mechanisms Symposium, 1996: 1-8.

[39] Abramson D, Andrews J, Cannon T, et al. Remote experimental mission of buoyant exploration research on TITAN[R]. Houston: NASA, 2006: 1-26.

[40] Rodgers L, Hoff N, Jordan E, et al. A universal interface for modular spacecraft[C]. Proceedings of the 19th Annual AIAA/USU Conference on Small Satellite, 2005: 1-8.

[41] Rodgers L. Concepts and technology development for the autonomous assembly and reconfiguration of modular space systems[D]. Cambridge: Massachusetts Institute of Technology, 2005.

[42] Hoff N. Design and implementation of a relative state estimator for docking and formation control of modular autonomous spacecraft[D]. Cambridge: Massachusetts Institute of Technology, 2007.

[43] Morring F. Flying eyeball: NASA pushes tiny robot to provide astronauts a Gods-eye view of shuttle future vehicles[J]. Space Technology, 2005, 163(5): 10-14.

[44] Fredrickson S, Mitchell J. Managing technology development: Insights from the Mini AERCam R&D project[R]. Houston: NASA Johnson Space Center, 2006: 1-39.

[45] Bloom J. On orbit autonomous servicing satellite (OASIS)systems requirements document[R]. Washington: University of Washington Department of Aeronautics & Astronautics, 2000.

[46] Bloom J, Sandhu J, Paulsene M, et al. On orbit autonomous servicing satellite (OASIS)project preliminary design review[R]. Washington: University of Washington Department of Aeronautics & Astronautics, 2000.

[47] Ocampo C, Williams J. Electromagnetically guided autonomous docking and separation in micro-gravity[R]. Austin: University of Texas Department of Aerospace Engineering, 2005: 1-32.

[48] Greenfield N J. Low cost range attitude determination solution for small satellite platforms[D]. Missoula: University of Montana State, 2006.

[49] 王龙. 空间电磁对接动力学和控制研究[D]. 长沙: 国防科技大学, 2008.

[50] 许军校. 面向空间对接的电磁机构设计与实验研究[D]. 长沙: 国防科技大学, 2008.

[51] Zhang Y W, Yang L P, Zhu Y W, et al. Angular momentum management of spacecraft electromagnetic docking considering the earth's magnetic field[J]. Journal of Guidance, Control, and Dynamics, 2013, 36(3): 860-869.

[52] 张元文. 空间电磁对接/分离动力学与控制研究[D]. 长沙: 国防科技大学, 2013.

[53] Neave M. Dynamic and thermal control of an electromagnetic formation flight testbed[D]. Cambridge: Massachusetts Institute of Technology, 2005.

[54] Ahsun U, Miller D W, Ramirez J L. Control of electromagnetic satellite formations in near-earth orbits [J]. Journal of Guidance, Control, and Dynamics, 2010, 33(6): 1883-1891.

[55] Ahsun U. Dynamics and control of electromagnetic satellite formations[D]. Cambridge: Massachusetts Institute of Technology, 2007.

[56] Schweighart S A. Electromagnetic formation flight dipole solution planning[D]. Cambridge: Massachusetts Institute of Technology, 2005.

[57] Porter A K, Alinger D J, Sedwick R J, et al. Demonstration of electromagnetic formation flight and wireless power transfer[J]. Journal of Spacecraft and Rockets, 2014, 51(6): 1914-1923.

[58] Huang H, Yang L P, Zhu Y W, et al. Dynamics and relative equilibrium of spacecraft formation with non-contacting internal forces[J]. Proceedings of the Institution of Mechanical Engineers, Part G, Journal of Aerospace Engineering, 2014, 228(7):1171-1182.

[59] Cai W W, Yang L P, Zhu Y W, et al. Formation keeping control through inter-satellite electromagnetic force[J]. Science China-Technological Sciences, 2013, 56(5): 1102-1111.

[60] Huang H, Yang L P, Zhu Y W, et al. Stability and shape analysis of relative equilibrium for three-spacecraft electromagnetic formation[J]. Acta Astronautica, 2014, 94: 116-131.

[61] Cai W W, Yang L P, Zhu Y W, et al. Optimal satellite formation reconfiguration actuated by inter-satellite electromagnetic forces[J]. Acta Astronautica, 2013, 89: 154-165.

[62] Su J M, Dong Y F. Gathering the fractionated electromagnetic satellites cluster by simulating fish school[J]. Aircraft Engineering and Aerospace Technology, 2012, 84(2): 115-119.

[63] 苏建敏, 董云峰. 电磁卫星编队位置跟踪滑模变结构控制[J]. 宇航学报, 2011, 32(5): 1093-1099.

[64] 张皓, 师鹏, 李保军, 等. 利用库仑力实现悬停轨道的新方法研究[J]. 宇航学报, 2012, 33(1): 68-75.

[65] 冯成涛, 王惠南, 刘海颖, 等. 磁控小卫星编队飞行的非线性控制[J]. 传感器与微系统, 2009, 28(3): 54-58.

[66] 侯振东, 曹喜滨, 张锦绣. 近地轨道电磁编队飞行相对轨道动力学建模[J]. 哈尔滨工业大学学报, 2012, 44(3): 6-12.

[67] 谢中秋. 电磁编队飞行网络化控制方法研究[D]. 哈尔滨: 哈尔滨工业大学, 2011.

[68] Zeng G Q, Hu M. Finite-time control for electromagnetic satellite formations[J]. Acta Astronautica, 2012, 74: 120-130.

[69] 胡敏, 曾国强. 基于终端滑模的集群航天器电磁编队有限时间控制[J]. 航天控制, 2011, 29(6): 22-28.

[70] Song J L, Hu M, Zeng G Q. Collision avoidance maneuver for electromagnetic satellite formations[C]. Proceedings of the 63rd International Astronautical Congress, 2012: 1-5.

[71] Pisacane V L. The Space Environment and its Effects on Space Systems[M]. Reston: American Institute of Aeronautics and Astronautics, 2008.

[72] Babyak R. New and notable: Charging ahead[EB/OL]. http://www.appliancedesign.com [2005-06-01].

[73] Shoer J P, Peck M A. Flux-pinned interfaces for the assembly, manipulation, and reconfiguration of modular space systems[J]. Journal of the Astronautical Sciences, 2009, 57(3): 667-688.

[74] Sivrioglu S, Basaran S. A dynamical stiffness evaluation model for a ring-shaped superconductor magnetic bearing system[J]. IEEE Transactions on Applied Superconductivity, 2015, 25(4): 1-7.

[75] 高策. 磁通钉扎作用的星间相对运动动力学与控制[D]. 长沙: 国防科技大学, 2017.

[76] 高策, 杨乐平, 朱彦伟, 等. 面向在轨重构的磁通钉扎接口特性分析[C]. 第 36 届中国控制会议, 2017.

[77] 高策, 杨乐平, 朱彦伟, 等. 双星磁通钉扎编队平衡态稳定性与控制[C]. 第 36 届中国控制会议, 2017.

[78] 王雪云. 超导磁通钉扎连接作用的数值模拟分析[D]. 哈尔滨: 哈尔滨工业大学, 2011.

[79] 张明亮. 超导磁通钉扎连接的作用力及自稳定性分析研究[D]. 哈尔滨:哈尔滨工业大学, 2011.

[80] 高奉宽. 基于磁通钉扎效应的可重构连接设计及动力学分析[D]. 哈尔滨:哈尔滨工业大学, 2013.

[81] Norman M C, Peck M A. Simplified model of a flux-pinned spacecraft formation[J]. Journal of Guidance, Control, and Dynamics, 2010, 33(3): 814-822.

[82] Jones L L, Peck M A. Stability and control of a flux-pinned docking interface for spacecraft[C]. Proceedings of the AIAA Guidance, Navigation, and Control Conference, 2010: 1-5.

[83] Shoer J P, Peck M A. A flux pinned magnet-superconductor pair for close-proximity station keeping and self-assembly of spacecraft[C]. Proceedings of the AIAA Guidance, Navigation, and Control Conference, 2007: 1-18.

[84] Shoer J P, Peck M A. Sequences of passively stable dynamic equilibria for hybrid control of reconfigurable spacecraft[C]. Proceedings of the AIAA Guidance, Navigation, and Control Conference, 2009.

[85] Shoer J P, Peck M A. Simulation of multibody spacecraft reconfiguration through sequential dynamic equilibria[C]. Proceedings of the AIAA Guidance, Navigation, and Control Conference, 2010: 1-6.

[86] Wilson W R, Shoer J P, Peck M A. Demonstration of a magnetic locking flux-pinned revolute joint for use on cubesat-standard spacecraft[C]. Proceedings of the AIAA Guidance, Navigation, and Control Conference, 2009.

第2章　星间可控场力作用特点与规律

从电磁学角度分析，以库仑力、电磁力及磁通钉扎效应力为代表的星间可控场力作用具有诸多共性特点与规律，包括电磁学基础、三类作用力统一建模、动力学建模关键问题、动力学守恒特性等，本章重点阐述以上物理特性。

2.1　电磁学基础

星间可控场力为一类新型作用力，其作用机理与传统推力具有本质区别。以电场力、磁场力和磁通钉扎效应力为代表的星间可控场力作用融合了电场、磁场及基础力学等方面理论，其模型建立涉及电荷之间、电流元之间的作用力计算及矢量叠加。

2.1.1　电场力建模与作用规律

1. 电场作用基本定律与电场力作用建模

电场作用由几类基本定律所约束，包括库仑定律、电场力作用的叠加定律、静电场保守性定律、带电系统总能量定律以及电介质对电场的影响定律。

(1) 库仑定律。

相对于惯性系，自由空间(或真空)中两个静止点电荷之间的作用力(斥力或吸力，统称为库仑力)与这两个电荷所带电量的乘积成正比，与它们之间距离的平方成反比，作用力方向沿着这两个点电荷的连线。

(2) 电场力作用的叠加定律。

两个点电荷之间的作用力并不因第三个点电荷的存在而有所改变，因此，两个以上的点电荷对一个点电荷的作用力等于各个点电荷单独存在时对该点电荷作用力的矢量和。

(3) 静电场保守性定律。

对任意静电场，电场强度 E 的线积分 $\int_{P_1}^{P_2} E \cdot dr$ 只取决于起点 P_1 和终点 P_2 的位置，而与连接 P_1 和 P_2 点间的路径无关。

(4) 带电系统总能量定律。

如果已知某一带电系统的电场分布，则其总能量计算公式为

$$W = \int_V \frac{\varepsilon_0 E^2}{2} dV$$

式中， ε_0 为真空介电常数。

(5)电介质对电场的影响定律。

计算公式为

$$E = \frac{E_0}{\varepsilon_r}$$

式中， E_0 为真空电场强度， E 为电介质介入作用下电场强度， ε_r 为电介质的相对介电常数(或称相对电容率)，随电介质的种类和状态(温度)不同而不同。

典型电介质的相对介电常数见表 2.1。

表 2.1　典型电介质的相对介电常数

电介质	相对介电常数 ε_r
真空	1
空气(20℃，1atm)	1.00055
纸	约为 5
瓷	6~8
玻璃	5~10
水(20℃，1atm)	80
聚乙烯	2.3

注：atm 表示标准大气压，1atm=1.01325×10⁵Pa

1)点电荷之间相互作用

不考虑空间等离子体环境的德拜屏蔽效应影响，且假设两库仑航天器相距较远，其所带电荷可看作点电荷。针对两库仑航天器作用系统，对应的坐标系及表征变量见图 2.1(图中下标 CM 表示两库仑航天器系统质心)，则可应用经典库仑力模型描述电场力作用，即

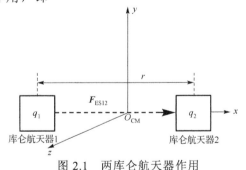

图 2.1　两库仑航天器作用

$$\boldsymbol{F}_{\mathrm{ES12}} = -k_c \frac{q_1 q_2}{r^2} \hat{\boldsymbol{r}} \tag{2.1}$$

式中，下标 ES 表示电场力作用的相关参数； $\boldsymbol{F}_{\mathrm{ES12}}$ 表示库仑航天器 2 作用于库仑航天器 1 的库仑力，库仑常数 $k_c \approx 8.99 \times 10^9 \mathrm{N} \cdot \mathrm{m}^2 \cdot \mathrm{C}^{-2}$ ； r 为电荷间距； $\hat{\boldsymbol{r}}$ 为库仑航天器 1 指向库仑航天器 2 的单位距离矢量； q_1 和 q_2 分别为两库仑航天器所带电荷。

2) 点电荷作用矢量叠加

如果两航天器相距较近或航天器表面所带电荷类型不一致，那么两库仑航天器之间相互作用不再满足点电荷假设，不能再采用库仑定律进行作用力表述。此类情形下，可将库仑航天器表面按电荷类型或者直接网格化为众多单元面，两航天器各单元面之间相互作用仍可采用库仑力进行表述，且两航天器总作用力为所有库仑力的矢量之和，见图 2.2 及式(2.2)。需要说明的是，式(2.2)的精度与网格化单元面数量密切相关：一般来说，网格数越多，模型越精确；但是，网格数增多的同时也增加了计算量，而星上计算资源是有限的。

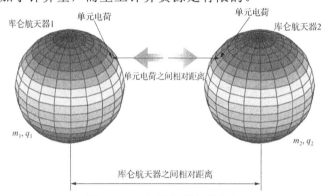

图 2.2　点电荷作用矢量叠加

$$F_{\mathrm{ES}12} = -\sum_{i=1}^{n}\sum_{j=1}^{m} k_c \frac{\mathrm{d}q_{1i}\mathrm{d}q_{2j}}{\left|\boldsymbol{\rho}_{2j} - \boldsymbol{\rho}_{1i}\right|^3}(\boldsymbol{\rho}_{2j} - \boldsymbol{\rho}_{1i}) \tag{2.2}$$

式中，(n, m) 分别为库仑航天器 1、2 所剖分单元电荷数目，$(\boldsymbol{\rho}_{2j} - \boldsymbol{\rho}_{1i})$ 为 $\mathrm{d}q_{1i}$ 与 $\mathrm{d}q_{2j}$ 的相对距离矢量。

3) 空间等离子体环境的影响

宇宙空间存在等离子体环境，等离子体环境会削弱航天器表面电荷的作用范围。空间等离子体对电荷作用范围的削弱称为德拜屏蔽效应，该屏蔽效应以德拜半径 λ_d 表征，其物理意义为：距离试验电荷 λ_d 的电荷受到的静电场力为无等离子体环境所受静电场力的 $1/e$。

空间等离子体环境作用下，库仑航天器之间的静电场力表征为

$$\begin{cases} F_{\mathrm{ES}12} = -k_c \dfrac{q_1 q_2}{r^2}\mathrm{e}^{-r/\lambda_d}\hat{\boldsymbol{r}} \\ F_{\mathrm{ES}12} = -\displaystyle\sum_{i=1}^{n}\sum_{j=1}^{m} k_c \dfrac{\mathrm{d}q_{1i}\mathrm{d}q_{2j}}{\left|\boldsymbol{\rho}_{2j} - \boldsymbol{\rho}_{1i}\right|^3}(\boldsymbol{\rho}_{2j} - \boldsymbol{\rho}_{1i})\mathrm{e}^{-\left|\boldsymbol{\rho}_{2j} - \boldsymbol{\rho}_{1i}\right|/\lambda_d} \end{cases} \tag{2.3}$$

德拜半径 λ_d 为描述空间等离子体环境作用的关键参数，其大小由等离子体环境的密度、温度决定，计算公式为

$$\lambda_d = \sqrt{\frac{\varepsilon_0 K T_P}{n_P e^2}} \tag{2.4}$$

式中，n_P、T_P 分别为等离子体密度与温度；ε_0 为真空介电常数；K 为玻尔兹曼常量；e 为单元电荷量。

一般而言，航天器所处空间环境的等离子体半径具有如下量级：低轨道(low earth orbit，LEO)为 0.01~0.03m，中轨道(medium earth orbit，MEO)为 0.03~0.26m，GEO 为 100~1000m。因此，为避免空间等离子体环境影响，星间可控库仑力作用一般选择为高轨或深空环境，确保星间操控的相对距离小于空间等离子体环境所对应的德拜半径 λ_d。

2. 电场力作用规律

由式(2.1)~式(2.3)分析可知，电场力作用具有如下规律。

(1)与两单元电荷之间相对距离的 2 次方成反比，与两单元电荷乘积成正比，具有强非线性。

(2)若库仑航天器可当作点电荷，则库仑航天器之间的作用力具有一维特性，沿两航天器质心连线方向，控制能力较弱；若采用点电荷作用矢量叠加模式，则库仑力同样具有空间三维操控能力。

(3)受空间等离子体环境影响较显著。

2.1.2　磁场力建模与作用规律

1. 磁场作用基本定律与磁场力作用建模

磁场作用基本定律类比电场作用基本定律给出，包括毕奥-萨伐尔定律、安培定律、磁场力作用的叠加定律以及磁介质对磁场的影响定律。

(1)毕奥-萨伐尔定律。

以 Idl 表示一段稳恒电流元、r 表示从此电流元指向某一场点 P 的相对距离，则此电流元在 P 点产生的电磁感应强度为

$$\mathrm{d}\boldsymbol{B} = \frac{\mu_0}{4\pi}\frac{Idl \times \boldsymbol{e}_r}{r^2}$$

式中，$\boldsymbol{e}_r$ 为 r 的单位矢量。因此，电磁装置在某一场点 P 产生的磁感应强度 $\boldsymbol{B}$ 可由 $\mathrm{d}\boldsymbol{B}$ 对电磁装置进行体积分求得。

(2)安培定律。

设外磁场的磁感应强度为 $\boldsymbol{B}$，电流元在该磁场中所受电磁力为

$$\mathrm{d}\boldsymbol{F} = Idl \times \boldsymbol{B}$$

因此，载流导线 L 在该磁场中所受电磁力为

$$F = \int_L I d\boldsymbol{l} \times \boldsymbol{B}$$

(3)磁场力作用的叠加定律。

两磁场之间产生的作用力并不因其他磁场的存在而有所改变，因此，两个以上的磁场对一个磁场产生的作用力等于各个磁场单独存在时对该磁场产生作用力的矢量和。

(4)磁介质对磁场的影响定律。

以 $\boldsymbol{B}_0$ 和 $\boldsymbol{B}$ 分别表示无磁介质、有磁介质时磁场的磁感应强度，则磁介质对磁场的影响可表示为

$$\boldsymbol{B} = \mu_{\mathrm{r}} \boldsymbol{B}_0$$

式中，μ_{r} 为相对磁导率，由磁介质属性及状态所决定。

典型磁介质的相对磁导率见表 2.2。

表 2.2 典型磁介质的相对磁导率

磁介质		相对磁导率 μ_{r}
抗磁质 $\mu_{\mathrm{r}} < 1$	铋(293K)	$1 - 16.6 \times 10^{-5}$
	汞(293K)	$1 - 2.9 \times 10^{-5}$
	铜(293K)	$1 - 1.0 \times 10^{-5}$
	氢(气体)	$1 - 3.98 \times 10^{-5}$
顺磁质 $\mu_{\mathrm{r}} > 1$	氧(液体，90K)	$1 + 769.9 \times 10^{-5}$
	氧(气体，293K)	$1 + 344.9 \times 10^{-5}$
	铝(293K)	$1 + 1.65 \times 10^{-5}$
	铂(293K)	$1 + 26 \times 10^{-5}$
铁磁质 $\mu_{\mathrm{r}} \gg 1$	纯铁	5×10^3 (最大值)
	硅钢	7×10^2 (最大值)
	坡莫合金	1×10^5 (最大值)

2. **磁场力作用规律**

磁场力作用具有如下规律。

(1)与两磁偶极子之间相对距离的 4 次方成反比，与两磁偶极子磁矩乘积成正比，具有强非线性。

(2)磁偶极子磁矩为矢量，不同于电荷的标量特性，因此电磁航天器之间的磁场力具有三维特性。

(3)电磁航天器受地磁力矩影响较显著。

2.2　三类作用力统一建模

2.2.1　以库仑力模型为基础的统一建模

为建立星间可控场力统一的作用模型，根据静电学对偶推论给出一般的物理描述：库仑力具有最简明形式，也最能反映基本物理原理，因此统一数学模型根据库仑力建立。此处作用力建模不考虑外界环境影响，即电场力不考虑空间等离子体影响，磁场力不考虑地磁场影响，磁通钉扎效应力不考虑空间热环境影响。因此，电场力作用基础模型由式 (2.1) 所表征，具体物理参数见图 2.1。

由静磁学对偶推论，可将两磁偶极子之间的相互作用表示为电荷对之间相互作用的矢量叠加，见图 2.3。图中，α、χ 分别为电磁航天器 1 的瞬时磁矩矢量与 $O_{CM}x$ 轴的夹角、电磁航天器 1 的瞬时磁矩矢量在 $O_{CM}yz$ 面投影与 $O_{CM}y$ 轴的夹角；β、δ 分别为电磁航天器 2 的瞬时磁矩矢量与 $O_{CM}x$ 轴的夹角、电磁航天器 2 的瞬时磁矩矢量在 $O_{CM}yz$ 面投影与 $O_{CM}y$ 轴的夹角；$2a$ 为库仑力作用表征的正极电荷与负极电荷间距；q_i 为等效表征电荷，计算公式为

$$q_i = \mu_i / (2a) \tag{2.5}$$

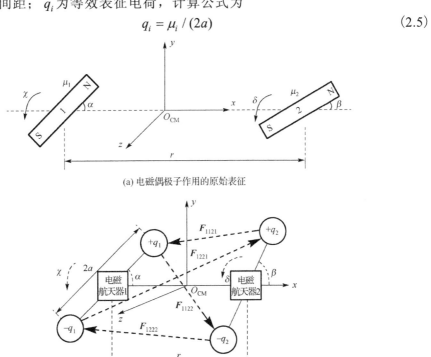

(a) 电磁偶极子作用的原始表征

(b) 电磁偶极子作用的电荷对库仑力矢量叠加表征

图 2.3　磁场力建模

图中，F_{1121} 表示电磁航天器 1 正电荷所受电磁航天器 2 正电荷作用的库仑力，其余类推。因此，电磁航天器 1 所受电磁力/力矩、电磁航天器 2 所受电磁力矩计算公式为

$$\begin{cases} F_{EM12}(\alpha,\beta,\chi,\delta,r,a,q_1q_2,k_c) = F_{1121} + F_{1122} + F_{1221} + F_{1222} \\ \tau_{EM12}(\alpha,\beta,\chi,\delta,r,a,q_1q_2,k_c) = \tau_{1121} + \tau_{1122} + \tau_{1221} + \tau_{1222} \\ \tau_{EM21}(\alpha,\beta,\chi,\delta,r,a,q_1q_2,k_c) = \tau_{2111} + \tau_{2112} + \tau_{2211} + \tau_{2212} \end{cases} \quad (2.6)$$

进一步，根据镜像磁偶极子模型假设以及静电场/静磁场基础理论，磁通钉扎效应力作用的静电场表征关系见图 2.4。

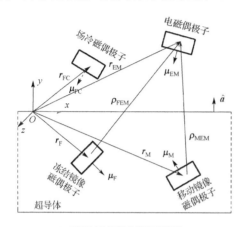

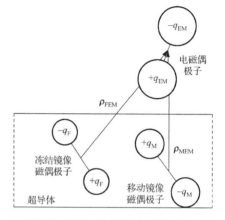

(a) 磁通钉扎镜像磁偶极子模型　　　　(b) 磁通钉扎作用的电荷对库仑力作用矢量叠加表征

图 2.4　磁通钉扎效应力建模

因此，磁通钉扎效应力/力矩作用建模为

$$\begin{cases} F_{FP12}(\alpha_1,\beta_1,\chi_1,\delta_1,\rho_{FEM},\alpha_2,\beta_2,\chi_2,\delta_2,\rho_{MEM},a,q_Fq_{EM},q_Mq_{EM},k_c) \\ = F_{EM1F1} + F_{EM1F2} + F_{EM2F1} + F_{EM2F2} + F_{EM1M1} + F_{EM1M2} + F_{EM2M1} + F_{EM2M2} \\ \tau_{FP12}(\alpha_1,\beta_1,\chi_1,\delta_1,\rho_{FEM},\alpha_2,\beta_2,\chi_2,\delta_2,\rho_{MEM},a,q_Fq_{EM},q_Mq_{EM},k_c) \\ = \tau_{EM1F1} + \tau_{EM1F2} + \tau_{EM2F1} + \tau_{EM2F2} + \tau_{EM1M1} + \tau_{EM1M2} + \tau_{EM2M1} + \tau_{EM2M2} \end{cases} \quad (2.7)$$

式中，$(\alpha_1,\beta_1,\chi_1,\delta_1)$ 为冻结镜像磁偶极子-电磁偶极子对相对其质心坐标系 $O_{CM1}\text{-}x_1y_1z_1$ 的姿态；$(\alpha_2,\beta_2,\chi_2,\delta_2)$ 为移动镜像磁偶极子-电磁偶极子对相对其质心坐标系 $O_{CM2}\text{-}x_2y_2z_2$ 的姿态；(q_F,q_M,q_{EM}) 为

$$q_F = \mu_F / (2a), \quad q_M = \mu_M / (2a), \quad q_{EM} = \mu_{EM} / (2a) \quad (2.8)$$

镜像磁偶极子磁矩矢量 (μ_F,μ_M) 可由场冷磁偶极子磁矩 μ_{FC} 与电磁偶极子磁矩 μ_{EM} 计算：

$$\begin{cases} \mu_F = 2(\hat{a} \cdot \mu_{FC})\hat{a} - \mu_{FC} \\ \mu_M = \mu_{EM} - 2(\hat{a} \cdot \mu_{EM})\hat{a} \end{cases} \quad (2.9)$$

式中，$\hat{\boldsymbol{a}}$ 为超导体表面单位法向量。

另外，相对距离向量 $(\boldsymbol{\rho}_{\text{FEM}}, \boldsymbol{\rho}_{\text{MEM}})$ 计算公式分别为

$$\begin{cases} \boldsymbol{\rho}_{\text{FEM}} = \boldsymbol{r}_{\text{EM}} - \boldsymbol{r}_{\text{FC}} + 2(\hat{\boldsymbol{a}} \cdot \boldsymbol{r}_{\text{FC}})\hat{\boldsymbol{a}} \\ \boldsymbol{\rho}_{\text{MEM}} = 2(\hat{\boldsymbol{a}} \cdot \boldsymbol{r}_{\text{EM}})\hat{\boldsymbol{a}} \end{cases} \tag{2.10}$$

至此，三类星间可控场力的统一模型建立完毕，详细模型可基于具体案例按如上思路推导，此处不再赘述。

2.2.2　统一模型适用性分析

基于库仑力定律的三种星间可控场力统一建模具有内在机理一致性，模型的主要差别在于后两种力/力矩为库仑力作用的矢量叠加，复杂度增加，但作用原理不变。因此，对于后续开展的星间可控场力作用的动力学分析而言，库仑力作用的动力学特性分析能给出公共特性，仅需在此基础上考虑其他两种力/力矩的特殊性即可。

需要注意的是，基于库仑定律的磁场力/力矩、磁通钉扎效应力/力矩建模需满足一定条件，如两磁偶极子间距与 $2a$ 的比值须大于一定阈值（即磁偶极子假设）、磁通钉扎温度约束等；另外，下一步研究中需深入分析基于此建立的统一模型复杂度及其简化设计。

2.3　动力学建模关键问题

2.3.1　星间可控场力引入对动力学建模的影响

由于姿控装置与轨控系统物理隔绝，且相互影响较弱，推力器作用下航天器集群的动力学模型轨迹/姿态耦合度不高，6-DOF 动力学建模方法已经很成熟。然而，星间可控场力/力矩为航天器间相对位置、相对姿态及航天器所带电荷或线圈电流乘积的强耦合非线性函数，因此，无论航天器集群中哪一颗航天器的任一运动状态发生变化、任一电荷或线圈电流发生改变，集群航天器所有成员所受作用力/力矩都同步发生变化，进而导致航天器集群所有成员运动状态变化，具有"牵一发而动全身"的显著特点。因此，航天器运动状态之间、单航天器轨道运动与姿态运动之间、单航天器轨道运动或姿态运动的各通道之间存在强耦合，提高了相对运动动力学建模的复杂度。

由于电荷喷射器、电磁装置以及超导磁通钉扎装置均安装于航天器本体，其沿航天器体坐标系的投影分量形式较简单，然而，相对轨迹/姿态动力学模型的建模参考系一般为航天器集群系统质心轨道系；另外，两航天器质心连线参考坐标

系(其中一轴与质心连线平行)的库仑力/电磁力的投影分量具有最简单的形式,该投影坐标系与航天器体坐标系、航天器集群系统质心轨道系之间的旋转矩阵与各航天器姿态密切相关。因此,由于具有轨迹/姿态、控制变量之间等强耦合特性的星间可控场力引入,航天器相对运动动力学模型形式更加复杂,需要妥善解决。

另外,由前述分析可知,星间可控场力作用的航天器相对运动具有一些本质特殊性,如总机械能、总线动量以及总角动量守恒等。因此,能否利用这些特性、能否更加有效地反映物理规律、建立的模型适应性以及复杂度等成为选取相对运动动力学建模方法的标准。本节从牛顿力学框架、分析力学框架两方面出发,探讨星间可控场力作用的航天器相对运动建模方法,分析其各自特点。读者可根据自身学习或研究需求,参考相应建模思路。

2.3.2　基于牛顿力学框架的动力学建模

基于牛顿力学框架的动力学建模本质为基于牛顿第二定律(即 $F = ma$)的相对运动动力学建模,建模关键在于参考坐标系及计算坐标系选取、星间可控场力/力矩的投影、坐标系间转换矩阵推导等。

1. 参考坐标系选取

基于牛顿力学框架的动力学建模选取参考系如图 2.5 所示,包括地心惯性系(earth centered inertial,ECI)(简称 $\mathcal{N}$ 系)($O_E x_I y_I z_I$)、航天器集群系统质心轨道系($O_{CM} x_{CM} y_{CM} z_{CM}$)、各航天器体坐标系($O_{bi} x_{bi} y_{bi} z_{bi}$)。

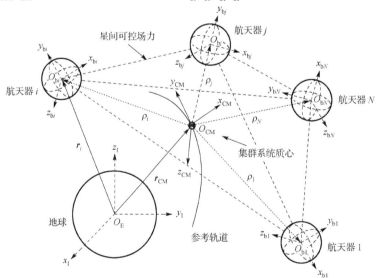

图 2.5　牛顿力学框架建模参考系

2. 航天器 i 相对航天器集群系统质心轨道系 $O_{CM}x_{CM}y_{CM}z_{CM}$ 的位置动力学模型及航天器 i 与 j 之间相对位置动力学模型

设定航天器集群系统质心 CM 沿圆轨道运动，则航天器 i 相对航天器集群系统质心轨道系 $O_{CM}x_{CM}y_{CM}z_{CM}$ 的位置动力学模型基于 Hill 方程推导为

$$\begin{cases} \ddot{x}_i - 2n_{CM}\dot{y}_i - 3n_{CM}^2 x_i = F_{ixCM}/m_i + f_{ixd} \\ \ddot{y}_i + 2n_{CM}\dot{x}_i = F_{iyCM}/m_i + f_{iyd} \\ \ddot{z}_i + n_{CM}^2 z_i = F_{izCM}/m_i + f_{izd} \end{cases} \tag{2.11}$$

式中，m_i 为航天器 i 质量；n_{CM} 为航天器集群系统质心轨道角速度；(x_i, y_i, z_i) 为航天器 i 相对 CM 的位置矢量在 $O_{CM}x_{CM}y_{CM}z_{CM}$ 系的投影分量，$(\dot{x}_i, \dot{y}_i, \dot{z}_i)$ 和 $(\ddot{x}_i, \ddot{y}_i, \ddot{z}_i)$ 为 (x_i, y_i, z_i) 对时间的一阶和二阶导数；$(F_{ixCM}, F_{iyCM}, F_{izCM})$ 为航天器 i 所受星间可控场力在 $O_{CM}x_{CM}y_{CM}z_{CM}$ 系的投影分量；$(f_{ixd}, f_{iyd}, f_{izd})$ 为航天器 i 所受干扰等效加速度在 $O_{CM}x_{CM}y_{CM}z_{CM}$ 系的投影分量。

因此，根据式 (2.11) 及航天器间相对位置定义，利用标量方程直接相减得到航天器 i 与航天器 j 之间相对位置动力学模型为

$$\begin{cases} \ddot{x}_{ij} - 2n_{CM}\dot{y}_{ij} - 3n_{CM}^2 x_{ij} = F_{ixCM}/m_i - F_{jxCM}/m_j + f_{ixd} - f_{jxd} \\ \ddot{y}_{ij} + 2n_{CM}\dot{x}_{ij} = F_{iyCM}/m_i - F_{jyCM}/m_j + f_{iyd} - f_{jyd} \\ \ddot{z}_{ij} + n_{CM}^2 z_{ij} = F_{izCM}/m_i - F_{jzCM}/m_j + f_{izd} - f_{jzd} \end{cases} \tag{2.12}$$

式中，(x_{ij}, y_{ij}, z_{ij}) 为航天器间相对距离矢量在 $O_{CM}x_{CM}y_{CM}z_{CM}$ 系的投影分量。

3. 航天器 i 相对于航天器集群系统质心轨道系 $O_{CM}x_{CM}y_{CM}z_{CM}$ 的姿态动力学模型

根据欧拉动力学方程推导航天器 i 相对于航天器集群系统质心轨道系 $O_{CM}x_{CM}y_{CM}z_{CM}$ 的姿态动力学模型为

$$\begin{cases} I_{xi}\dot{\omega}_{ax}^{bi} + (I_{zi} - I_{yi})\omega_{ay}^{bi}\omega_{az}^{bi} = \tau_x^{bi} \\ I_{yi}\dot{\omega}_{ay}^{bi} + (I_{xi} - I_{zi})\omega_{ax}^{bi}\omega_{az}^{bi} = \tau_y^{bi} \\ I_{zi}\dot{\omega}_{az}^{bi} + (I_{yi} - I_{xi})\omega_{ax}^{bi}\omega_{ay}^{bi} = \tau_z^{bi} \end{cases} \tag{2.13}$$

式中，(I_{xi}, I_{yi}, I_{zi}) 为航天器 i 的主转动惯量；$(\omega_{ax}^{bi}, \omega_{ay}^{bi}, \omega_{az}^{bi})$ 为航天器 i 的绝对角速度在其本体坐标系的投影；$(\tau_x^{bi}, \tau_y^{bi}, \tau_z^{bi})$ 为航天器 i 所受力矩在其本体坐标系的投影。

另外，根据 2-3-1 旋转转序的姿态欧拉角定义（以 $(\varphi_i, \theta_i, \psi_i)$ 表征）以及 CM 圆轨道运动假设，推导得到 $(\varphi_i, \theta_i, \psi_i)$ 与 $(\omega_{ax}^{bi}, \omega_{ay}^{bi}, \omega_{az}^{bi})$ 之间的关系式为

$$
\begin{bmatrix} \omega_{ax}^{bi} \\ \omega_{ay}^{bi} \\ \omega_{az}^{bi} \end{bmatrix} = M_1[\psi_i] M_3[\theta_i] M_2[\varphi_i] \begin{bmatrix} 0 \\ 0 \\ n_{CM} \end{bmatrix} + M_1[\psi_i] M_3[\theta_i] \begin{bmatrix} 0 \\ \dot{\varphi}_i \\ 0 \end{bmatrix} + M_1[\psi_i] \begin{bmatrix} 0 \\ 0 \\ \dot{\theta}_i \end{bmatrix} + \begin{bmatrix} \dot{\psi}_i \\ 0 \\ 0 \end{bmatrix} \tag{2.14}
$$

式中，M 为旋转矩阵。

由上述分析可知，基于牛顿力学框架的动力学建模物理意义比较明确，所建立的动力学模型形式较简单，且航天器数目的增加不影响建模的复杂度。然而，基于牛顿力学框架的动力学建模不易反映航天器集群系统整体变化特性。

2.3.3　基于分析力学框架的动力学建模

基于分析力学框架的动力学建模思路不再受牛顿第二定律约束，转而由角动量、虚功原理、广义变量、惯性力等推导。在此，采用分析力学框架的典型代表——Kane 方法[1]，开展星间可控场力作用的航天器集群 6-DOF 动力学建模研究，假定航天器数目为 N。

星间可控场力作用的航天器集群中，假设各航天器除了星间可控场力以外无其他约束作用，考虑到作用于两航天器的可控场力大小相等、方向相反，可将星间可控场力作用等同为多体动力学中的"力元"连接，进而整个星间可控场力作用用的航天器集群系统可视为一个自由多刚体系统。Kane 方法是建立多自由度系统动力学模型的一种普遍方法，可避免函数求导，对于自由度庞大的复杂系统可简化计算。以集群固连系 $\mathcal{B}$（坐标系原点位于集群系统质心，三坐标轴沿该虚拟多刚体系统的惯量主轴）为计算坐标系，采用 Kane 方法建立星间可控场力作用的航天器集群 6-DOF 动力学模型[2]。

应用 Kane 方法的一般步骤如下。

(1)定义广义坐标，并适当选取广义速率，一般可表示为广义坐标导数的线性组合或标量函数。

(2)根据选定的广义速率，计算偏速度与偏角速度。

(3)将系统全部惯性力与主动力沿偏速度/偏角速度方向投影，计算广义惯性力与广义主动力。

(4)令每个广义速率所对应的广义主动力和广义惯性力之和为零，建立 Kane 动力学方程。

1.　广义坐标与广义速率

如图 2.5 所示，选择 ρ_i 描述集群空间几何构型、欧拉角描述航天器集群相对姿态，则定义广义坐标 q 为

$$\begin{cases} \boldsymbol{q} = [\boldsymbol{q}_0 \quad \boldsymbol{q}_1 \quad \cdots \quad \boldsymbol{q}_i \quad \cdots \quad \boldsymbol{q}_N]^{\mathrm{T}} \\ \boldsymbol{q}_0 = [q_{01} \quad q_{02} \quad q_{03}]^{\mathrm{T}} = [\varphi \quad \theta \quad \psi]^{\mathrm{T}} \\ \boldsymbol{q}_i = [q_{i1} \quad q_{i2} \quad q_{i3} \quad q_{i4} \quad q_{i5} \quad q_{i6}]^{\mathrm{T}} = [\rho_{ix} \quad \rho_{iy} \quad \rho_{iz} \quad \alpha_i \quad \beta_i \quad \gamma_i]^{\mathrm{T}} \end{cases} \tag{2.15}$$

式中，$(\rho_{ix}, \rho_{iy}, \rho_{iz})$ 为 $\boldsymbol{\rho}_i$ 在 $\mathcal{B}$ 系的三个投影分量。

由于 $\boldsymbol{\rho}_i = \boldsymbol{r}_i - \boldsymbol{r}_{\mathrm{CM}}$，基于集群系统质心定义，可得

$$\boldsymbol{r}_{\mathrm{CM}} = \frac{1}{M}\sum_{i=1}^{N} m_i \boldsymbol{r}_i \quad \Rightarrow \quad \sum_{i=1}^{N} m_i \boldsymbol{\rho}_i = 0 \tag{2.16}$$

式中，$M = \sum\limits_{i=1}^{N} m_i$ 为整个集群系统质量。因此，如果已知集群中任意 $N-1$ 颗航天器的相对位置矢量，则第 N 颗航天器的相对位置矢量可随之确定。

假设集群质心沿圆轨道运行，则轨道 Hill 系（简称 $\mathcal{H}$ 系）相对 $\mathcal{N}$ 系的旋转角速度，即集群质心轨道平均角速度为

$$\boldsymbol{\omega}^{\mathcal{H}/\mathcal{N}} = \sqrt{\mu_{\mathrm{gE}}/r_{\mathrm{CM}}^3}\,\hat{\boldsymbol{z}}_{\mathrm{CM}} = \omega_0\,\hat{\boldsymbol{z}}_{\mathrm{CM}} \tag{2.17}$$

式中，μ_{gE} 为地球引力常数。

根据相对方位角 (φ, θ, ψ) 以及旋转矩阵 $^{\mathcal{B}}\boldsymbol{M}^{\mathcal{H}}$ 定义，集群固连系 $\mathcal{B}$ 相对轨道 $\mathcal{H}$ 系的角速度在 $\mathcal{B}$ 系中表示为

$$\boldsymbol{\omega}^{\mathcal{B}/\mathcal{H}} = \begin{bmatrix} \dot{\psi} + \dot{\varphi}\sin\theta \\ \dot{\theta}\sin\psi + \dot{\varphi}\cos\theta\cos\psi \\ \dot{\theta}\cos\psi - \dot{\varphi}\cos\theta\sin\psi \end{bmatrix} \tag{2.18}$$

根据角速度叠加定理，$\mathcal{B}$ 系相对 $\mathcal{N}$ 系的角速度在 $\mathcal{B}$ 系中可表示为两部分角速度（式 (2.17) 与式 (2.18)）的矢量和，即

$$\boldsymbol{\omega}^{\mathcal{B}/\mathcal{N}} = \boldsymbol{\omega}^{\mathcal{B}/\mathcal{H}} + {}^{\mathcal{B}}\boldsymbol{M}^{\mathcal{H}} \cdot \boldsymbol{\omega}^{\mathcal{H}/\mathcal{N}} \tag{2.19}$$

同样，基于相对姿态角 $(\alpha_i, \beta_i, \gamma_i)$ 以及旋转矩阵 $^{\mathcal{B}_i}\boldsymbol{M}^{\mathcal{B}}$ 定义，体坐标系 $\mathcal{B}_i$ 相对集群固连系 $\mathcal{B}$ 的角速度在 $\mathcal{B}$ 系中表示为

$$\boldsymbol{\omega}^{\mathcal{B}_i/\mathcal{B}} = \begin{bmatrix} -\dot{\beta}_i\sin\alpha_i + \dot{\gamma}_i\cos\alpha_i\cos\beta_i \\ \dot{\beta}_i\cos\alpha_i + \dot{\gamma}_i\sin\alpha_i\cos\beta_i \\ \dot{\alpha}_i - \dot{\gamma}_i\sin\beta_i \end{bmatrix} \tag{2.20}$$

定义广义速率 $\boldsymbol{u}$ 为

$$\begin{cases} \boldsymbol{u} = [\boldsymbol{u}_0 \quad \boldsymbol{u}_1 \quad \cdots \quad \boldsymbol{u}_i \quad \cdots \quad \boldsymbol{u}_N]^{\mathrm{T}} \\ \boldsymbol{u}_0 = [u_{01} \quad u_{02} \quad u_{03}]^{\mathrm{T}} = [\omega_x^{\mathcal{B}/\mathcal{N}} \quad \omega_y^{\mathcal{B}/\mathcal{N}} \quad \omega_z^{\mathcal{B}/\mathcal{N}}]^{\mathrm{T}} \\ \boldsymbol{u}_i = [u_{i1} \quad u_{i2} \quad u_{i3} \quad u_{i4} \quad u_{i5} \quad u_{i6}]^{\mathrm{T}} = [\dot{\rho}_{ix} \quad \dot{\rho}_{iy} \quad \dot{\rho}_{iz} \quad \omega_x^{\mathcal{B}_i/\mathcal{B}} \quad \omega_y^{\mathcal{B}_i/\mathcal{B}} \quad \omega_z^{\mathcal{B}_i/\mathcal{B}}]^{\mathrm{T}} \end{cases} \tag{2.21}$$

式中，$(\omega_x^{\mathcal{B}/\mathcal{N}},\omega_y^{\mathcal{B}/\mathcal{N}},\omega_z^{\mathcal{B}/\mathcal{N}})$ 与 $(\omega_x^{\mathcal{B}_i/\mathcal{B}},\omega_y^{\mathcal{B}_i/\mathcal{B}},\omega_z^{\mathcal{B}_i/\mathcal{B}})$ 分别为角速度 $\boldsymbol{\omega}^{\mathcal{B}/\mathcal{N}}$ 与 $\boldsymbol{\omega}^{\mathcal{B}_i/\mathcal{B}}$ 在 $\mathcal{B}$ 系的投影分量。

为简化表述，令 $c_m = \cos q_{0m}$，$s_m = \sin q_{0m}$，$s_{ik} = \sin q_{ik}$，$c_{ik} = \cos q_{ik}$（$m=1,2,3$；$k=4,5,6$），$t_m = s_m/c_m$，$t_{ik} = s_{ik}/c_{ik}$，则广义速率 $\boldsymbol{u}_0$、$\boldsymbol{u}_i$ 表示为

$$\begin{cases}\begin{bmatrix} u_{01} \\ u_{02} \\ u_{03} \end{bmatrix} = \begin{bmatrix} s_2 & 0 & 1 \\ c_2c_3 & s_3 & 0 \\ -c_2s_3 & c_3 & 0 \end{bmatrix}\begin{bmatrix} \dot{q}_{01} \\ \dot{q}_{02} \\ \dot{q}_{03} \end{bmatrix} + \begin{bmatrix} -\omega_0 s_1 c_2 \\ \omega_0(c_1 s_3 + s_1 s_2 c_3) \\ \omega_0(c_1 c_3 - s_1 s_2 s_3) \end{bmatrix} \\[6mm] \begin{bmatrix} u_{i4} \\ u_{i5} \\ u_{i6} \end{bmatrix} = \begin{bmatrix} 0 & -s_{i4} & c_{i4}c_{i5} \\ 0 & c_{i4} & s_{i4}c_{i5} \\ 1 & 0 & -s_{i5} \end{bmatrix}\begin{bmatrix} \dot{q}_{i4} \\ \dot{q}_{i5} \\ \dot{q}_{i6} \end{bmatrix} \end{cases} \quad (2.22)$$

基于广义坐标与广义速率定义，航天器 i 的惯性线速度与角速度分别为

$$\begin{cases} \boldsymbol{v}_i = \dfrac{^{\mathcal{N}}\mathrm{d}\boldsymbol{\rho}_i}{\mathrm{d}t} = \dfrac{^{\mathcal{B}}\mathrm{d}\boldsymbol{\rho}_i}{\mathrm{d}t} + \boldsymbol{\omega}^{\mathcal{B}/\mathcal{N}} \times \boldsymbol{\rho}_i \\ \quad = (u_{i1} + q_{i3}u_{02} - q_{i2}u_{03})\hat{\boldsymbol{x}}_{\mathcal{B}} + (u_{i2} + q_{i1}u_{03} - q_{i3}u_{01})\hat{\boldsymbol{y}}_{\mathcal{B}} + (u_{i3} + q_{i2}u_{01} - q_{i1}u_{02})\hat{\boldsymbol{z}}_{\mathcal{B}} \\ \boldsymbol{\omega}_i = \boldsymbol{\omega}^{\mathcal{B}_i/\mathcal{B}} + \boldsymbol{\omega}^{\mathcal{B}/\mathcal{N}} = (u_{i4} + u_{01})\hat{\boldsymbol{x}}_{\mathcal{B}} + (u_{i5} + u_{02})\hat{\boldsymbol{y}}_{\mathcal{B}} + (u_{i6} + u_{03})\hat{\boldsymbol{z}}_{\mathcal{B}} \end{cases} \quad (2.23)$$

将式(2.23)相对广义速率 $\boldsymbol{u}$ 求偏导数，分别得到相对第 r 个广义速率的偏速度 $\boldsymbol{v}_r^i$ 与偏角速度 $\boldsymbol{\omega}_r^i$ 为

$$\begin{cases} \boldsymbol{v}_{01}^i = -q_{i3}\hat{\boldsymbol{y}}_{\mathcal{B}} + q_{i2}\hat{\boldsymbol{z}}_{\mathcal{B}}, \quad \boldsymbol{v}_{02}^i = q_{i3}\hat{\boldsymbol{x}}_{\mathcal{B}} - q_{i1}\hat{\boldsymbol{z}}_{\mathcal{B}}, \quad \boldsymbol{v}_{03}^i = -q_{i2}\hat{\boldsymbol{x}}_{\mathcal{B}} + q_{i1}\hat{\boldsymbol{y}}_{\mathcal{B}} \\ \boldsymbol{v}_{i1}^i = \hat{\boldsymbol{x}}_{\mathcal{B}}, \quad \boldsymbol{v}_{i2}^i = \hat{\boldsymbol{y}}_{\mathcal{B}}, \quad \boldsymbol{v}_{i3}^i = \hat{\boldsymbol{z}}_{\mathcal{B}}, \quad \boldsymbol{v}_{i4}^i = \boldsymbol{0}, \quad \boldsymbol{v}_{i5}^i = \boldsymbol{0}, \quad \boldsymbol{v}_{i6}^i = \boldsymbol{0} \\ \boldsymbol{\omega}_{01}^i = \hat{\boldsymbol{x}}_{\mathcal{B}}, \quad \boldsymbol{\omega}_{02}^i = \hat{\boldsymbol{y}}_{\mathcal{B}}, \quad \boldsymbol{\omega}_{03}^i = \hat{\boldsymbol{z}}_{\mathcal{B}} \\ \boldsymbol{\omega}_{i1}^i = \boldsymbol{0}, \quad \boldsymbol{\omega}_{i2}^i = \boldsymbol{0}, \quad \boldsymbol{\omega}_{i3}^i = \boldsymbol{0}, \quad \boldsymbol{\omega}_{i4}^i = \hat{\boldsymbol{x}}_{\mathcal{B}}, \quad \boldsymbol{\omega}_{i5}^i = \hat{\boldsymbol{y}}_{\mathcal{B}}, \quad \boldsymbol{\omega}_{i6}^i = \hat{\boldsymbol{z}}_{\mathcal{B}} \end{cases} \quad (2.24)$$

需要说明的是，航天器 i 相对广义速率 $\boldsymbol{u}_j(j \neq i)$ 的偏速度与偏角速度均为零，简便起见在式(2.24)中并未列写。

2. 广义惯性力与广义主动力

基于 Kane 方法，系统运动方程可由相对各广义速率的广义主动力与广义惯性力之和为零推导得到。第 r 个广义惯性力按照式(2.25)计算：

$$\begin{aligned} \boldsymbol{F}_r^* &= \sum_{i=1}^N \boldsymbol{R}_i^* \cdot \boldsymbol{v}_r^i + \sum_{i=1}^N \boldsymbol{M}_i^* \cdot \boldsymbol{\omega}_r^i \\ &= -\sum_{i=1}^N m_i \boldsymbol{a}_i \cdot \boldsymbol{v}_r^i - \sum_{i=1}^N (\boldsymbol{J}_i \dot{\boldsymbol{\omega}}^{\mathcal{B}_i/\mathcal{N}} + \boldsymbol{\omega}^{\mathcal{B}_i/\mathcal{N}} \times \boldsymbol{J}_i \boldsymbol{\omega}^{\mathcal{B}_i/\mathcal{N}}) \cdot \boldsymbol{\omega}_r^i \end{aligned} \quad (2.25)$$

式中，$\boldsymbol{R}_i^*$ 为惯性力；$\boldsymbol{M}_i^*$ 为惯性力矩；$(\boldsymbol{v}_r^i, \boldsymbol{\omega}_r^i)$ 为第 r 个偏速度与偏角速度；$\boldsymbol{a}_i$ 为

航天器 i 的惯性加速度; J_i 为航天器 i 的惯量张量,基于主惯量假设,满足 $\boldsymbol{J}_i = J_i \boldsymbol{E}$,其中 $\boldsymbol{E}$ 为单位矩阵。

将式(2.23)和式(2.24)代入式(2.25),计算得到第 r 个广义惯性力为

$$
\begin{cases}
F_{01}^{*} = \sum_{i=1}^{N} \left[m_i (q_{i3} a_{iy} - q_{i2} a_{iz}) - J_i (\dot{u}_{i4} + \dot{u}_{01}) \right] \\[2mm]
F_{02}^{*} = \sum_{i=1}^{N} \left[m_i (q_{i1} a_{iz} - q_{i3} a_{ix}) - J_i (\dot{u}_{i5} + \dot{u}_{02}) \right] \\[2mm]
F_{03}^{*} = \sum_{i=1}^{N} \left[m_i (q_{i2} a_{ix} - q_{i1} a_{iy}) - J_i (\dot{u}_{i6} + \dot{u}_{03}) \right] \\[2mm]
F_{i1}^{*} = -m_i a_{ix} \ , \ F_{i2}^{*} = -m_i a_{iy} \ , \ F_{i3}^{*} = -m_i a_{iz} \\[2mm]
F_{i4}^{*} = -J_i (\dot{u}_{i4} + \dot{u}_{01}) \\[2mm]
F_{i5}^{*} = -J_i (\dot{u}_{i5} + \dot{u}_{02}) \\[2mm]
F_{i6}^{*} = -J_i (\dot{u}_{i6} + \dot{u}_{03})
\end{cases}
\tag{2.26}
$$

式中

$$
\boldsymbol{a}_i =
\begin{bmatrix}
\dot{u}_{i1} + q_{i3}\dot{u}_{02} - q_{i2}\dot{u}_{03} + 2u_{02}u_{i3} - 2u_{03}u_{i2} - q_{i1}u_{02}^2 + q_{i2}u_{01}u_{02} - q_{i1}u_{03}^2 + q_{i3}u_{01}u_{03} \\[2mm]
\dot{u}_{i2} + q_{i1}\dot{u}_{03} - q_{i3}\dot{u}_{01} + 2u_{03}u_{i1} - 2u_{01}u_{i3} - q_{i2}u_{01}^2 + q_{i1}u_{01}u_{02} - q_{i2}u_{03}^2 + q_{i3}u_{02}u_{03} \\[2mm]
\dot{u}_{i3} + q_{i2}\dot{u}_{01} - q_{i1}\dot{u}_{02} + 2u_{01}u_{i2} - 2u_{02}u_{i1} - q_{i3}u_{01}^2 + q_{i1}u_{01}u_{03} - q_{i3}u_{02}^2 + q_{i2}u_{02}u_{03}
\end{bmatrix}
\tag{2.27}
$$

第 r 个广义主动力是航天器所受合力/合力矩与对应偏速度/偏角速度内积的矢量和,即

$$
\boldsymbol{F}_r = \sum_{i=1}^{N} \boldsymbol{R}_i \cdot \boldsymbol{v}_r^i + \sum_{i=1}^{N} \boldsymbol{M}_i \cdot \boldsymbol{\omega}_r^i
\tag{2.28}
$$

式中, $(\boldsymbol{R}_i, \boldsymbol{M}_i)$ 分别为作用在航天器 i 的合外力与合外力矩。

对于星间可控场力作用的航天器集群系统,航天器 i 所受的合力包括地球引力 $\boldsymbol{F}_i^{\mathrm{g}}$ 与星间可控场力 $\boldsymbol{F}_i^{\mathrm{CF}}$,合力矩为可控场力矩 $\boldsymbol{\tau}_i^{\mathrm{CF}}$,则计算得到 $\boldsymbol{R}_i$ 的表达式为

$$
\boldsymbol{R}_i =
\begin{bmatrix}
-\dfrac{\mu_{\mathrm{gE}} m_i}{r_i^3}(r_{\mathrm{CM}} c_1 c_2 + q_{i1}) + F_{ix}^{\mathrm{CF}} \\[4mm]
-\dfrac{\mu_{\mathrm{gE}} m_i}{r_i^3}[r_{\mathrm{CM}}(s_1 s_3 - c_1 s_2 c_3) + q_{i2}] + F_{iy}^{\mathrm{CF}} \\[4mm]
-\dfrac{\mu_{\mathrm{gE}} m_i}{r_i^3}[r_{\mathrm{CM}}(s_1 c_3 + c_1 s_2 s_3) + q_{i3}] + F_{iz}^{\mathrm{CF}}
\end{bmatrix}
\tag{2.29}
$$

将式(2.29)以及合外力矩代入式(2.28)得到第 r 个广义主动力为

$$
\begin{cases}
F_{01} = \displaystyle\sum_{i=1}^{N}(q_{i2}R_{iz} - q_{i3}R_{iy} + \tau_{ix}^{CF}) \\[2mm]
F_{02} = \displaystyle\sum_{i=1}^{N}(q_{i3}R_{ix} - q_{i1}R_{iz} + \tau_{iy}^{CF}) \\[2mm]
F_{03} = \displaystyle\sum_{i=1}^{N}(q_{i1}R_{iy} - q_{i2}R_{ix} + \tau_{iz}^{CF}) \\[2mm]
F_{i1} = -\dfrac{\mu_{gE}m_i}{r_i^3}(r_{CM}c_1c_2 + q_{i1}) + F_{ix}^{CF} \\[3mm]
F_{i2} = -\dfrac{\mu_{gE}m_i}{r_i^3}[r_{CM}(s_1s_3 - c_1s_2c_3) + q_{i2}] + F_{iy}^{CF} \\[3mm]
F_{i3} = -\dfrac{\mu_{gE}m_i}{r_i^3}[r_{CM}(s_1c_3 + c_1s_2s_3) + q_{i3}] + F_{iz}^{CF} \\[3mm]
F_{i4} = \tau_{ix}^{CF}, \quad F_{i5} = \tau_{iy}^{CF}, \quad F_{i6} = \tau_{iz}^{CF}
\end{cases}
\tag{2.30}
$$

3. 6-DOF 动力学建模

通过反解式(2.21)和式(2.22)可得到航天器 i 关于广义坐标的 9 个方程:

$$
\begin{cases}
\dot{q}_{01} = (u_{02}c_3 - u_{03}s_3 - \omega_0 s_1 s_2)/c_2 \\
\dot{q}_{02} = u_{02}s_3 + u_{03}c_3 - \omega_0 c_1 \\
\dot{q}_{03} = u_{01} - (u_{02}c_3 - u_{03}s_3)t_2 + \omega_0 s_1/c_2 \\
\dot{q}_{i1} = u_{i1}, \quad \dot{q}_{i2} = u_{i2}, \quad \dot{q}_{i3} = u_{i3} \\
\dot{q}_{i4} = (c_{i4}u_{i4} + s_{i4}u_{i5})t_{i5} + u_{i6} \\
\dot{q}_{i5} = -s_{i4}u_{i4} + c_{i4}u_{i5} \\
\dot{q}_{i6} = (c_{i4}u_{i4} + s_{i4}u_{i5})/c_{i5}
\end{cases}
\tag{2.31}
$$

令每个广义速率所对应的广义惯性力和广义主动力之和为零,所得到的矢量方程组即为系统的动力学方程,满足

$$
\boldsymbol{F}_r^{*} + \boldsymbol{F}_r = \boldsymbol{0}
\tag{2.32}
$$

联立式(2.26)与式(2.30)进行求解即可得航天器 i 关于广义速率的 9 个方程:

$$
\begin{cases}
\displaystyle\sum_{i=1}^{N}[-M_{ix}^{*} - m_i(q_{i3}a_{iy} - q_{i2}a_{iz}) - q_{i2}R_{iz} + q_{i3}R_{iy} - \tau_{ix}^{CF}] = 0 \\[3mm]
\displaystyle\sum_{i=1}^{N}[-M_{iy}^{*} - m_i(q_{i1}a_{iz} - q_{i3}a_{ix}) - q_{i3}R_{ix} + q_{i1}R_{iz} - \tau_{iy}^{CF}] = 0 \\[3mm]
\displaystyle\sum_{i=1}^{N}[-M_{iz}^{*} - m_i(q_{i2}a_{ix} - q_{i1}a_{iy}) - q_{i1}R_{iy} + q_{i2}R_{ix} - \tau_{iz}^{CF}] = 0
\end{cases}
\tag{2.33}
$$

$$
\begin{cases}
\dot{u}_{i1} = -\dfrac{\mu_{\mathrm{gE}}}{r_i^3}(r_{\mathrm{CM}}c_1c_2 + q_{i1}) + \dfrac{F_{ix}^{\mathrm{CF}}}{m_i} \\
\qquad - (q_{i3}\dot{u}_{02} - q_{i2}\dot{u}_{03} + 2u_{02}u_{i3} - 2u_{03}u_{i2} - q_{i1}u_{02}^2 + q_{i2}u_{01}u_{02} - q_{i1}u_{03}^2 + q_{i3}u_{01}u_{03}) \\
\dot{u}_{i2} = -\dfrac{\mu_{\mathrm{gE}}}{r_i^3}[r_{\mathrm{CM}}(s_1s_3 - c_1s_2c_3) + q_{i2}] + \dfrac{F_{iy}^{\mathrm{CF}}}{m_i} \\
\qquad - (q_{i1}\dot{u}_{03} - q_{i3}\dot{u}_{01} + 2u_{03}u_{i1} - 2u_{01}u_{i3} - q_{i2}u_{01}^2 + q_{i1}u_{01}u_{02} - q_{i2}u_{03}^2 + q_{i3}u_{02}u_{03}) \\
\dot{u}_{i3} = -\dfrac{\mu_{\mathrm{gE}}}{r_i^3}[r_{\mathrm{CM}}(s_1c_3 + c_1s_2s_3) + q_{i3}] + \dfrac{F_{iz}^{\mathrm{CF}}}{m_i} \\
\qquad - (q_{i2}\dot{u}_{01} - q_{i1}\dot{u}_{02} + 2u_{01}u_{i2} - 2u_{02}u_{i1} - q_{i3}u_{01}^2 + q_{i1}u_{01}u_{03} - q_{i3}u_{02}^2 + q_{i2}u_{02}u_{03}) \\
I_i\dot{u}_{i4} = \tau_{ix}^{\mathrm{CF}} - J_i\dot{u}_{01} \\
I_i\dot{u}_{i5} = \tau_{iy}^{\mathrm{CF}} - J_i\dot{u}_{02} \\
I_i\dot{u}_{i6} = \tau_{iz}^{\mathrm{CF}} - J_i\dot{u}_{03}
\end{cases}
\tag{2.34}
$$

将 $\boldsymbol{R}_i = \boldsymbol{F}_i^{\mathrm{g}} + \boldsymbol{F}_i^{\mathrm{CF}}$ 各分量代入式(2.33)，合并包含星间可控场力/力矩项可得

$$
\begin{cases}
\displaystyle\sum_{i=1}^{N}[-M_{ix}^* - m_i(q_{i3}a_{iy} - q_{i2}a_{iz}) + q_{i3}F_{iy}^{\mathrm{g}} - q_{i2}F_{iz}^{\mathrm{g}}] = \sum_{i=1}^{N}(q_{i2}F_{iz}^{\mathrm{CF}} - q_{i3}F_{iy}^{\mathrm{CF}} + \tau_{ix}^{\mathrm{CF}}) \\
\displaystyle\sum_{i=1}^{N}[-M_{iy}^* - m_i(q_{i1}a_{iz} - q_{i3}a_{ix}) + q_{i1}F_{iz}^{\mathrm{g}} - q_{i3}F_{ix}^{\mathrm{g}}] = \sum_{i=1}^{N}(q_{i3}F_{ix}^{\mathrm{CF}} - q_{i1}F_{iz}^{\mathrm{CF}} + \tau_{iy}^{\mathrm{CF}}) \\
\displaystyle\sum_{i=1}^{N}[-M_{iz}^* - m_i(q_{i2}a_{ix} - q_{i1}a_{iy}) + q_{i2}F_{ix}^{\mathrm{g}} - q_{i1}F_{iy}^{\mathrm{g}}] = \sum_{i=1}^{N}(q_{i1}F_{iy}^{\mathrm{CF}} - q_{i2}F_{ix}^{\mathrm{CF}} + \tau_{iz}^{\mathrm{CF}})
\end{cases}
\tag{2.35}
$$

注意到式(2.35)等号右侧对应于星间可控场力/力矩作用的角动量，考虑系统内力作用的角动量守恒，可进一步化简得到

$$
\begin{cases}
\displaystyle\sum_{i=1}^{N}[M_{ix}^* + m_i(q_{i3}a_{iy} - q_{i2}a_{iz}) - q_{i3}F_{iy}^{\mathrm{g}} + q_{i2}F_{iz}^{\mathrm{g}}] = 0 \\
\displaystyle\sum_{i=1}^{N}[M_{iy}^* + m_i(q_{i1}a_{iz} - q_{i3}a_{ix}) - q_{i1}F_{iz}^{\mathrm{g}} + q_{i3}F_{ix}^{\mathrm{g}}] = 0 \\
\displaystyle\sum_{i=1}^{N}[M_{iz}^* + m_i(q_{i2}a_{ix} - q_{i1}a_{iy}) - q_{i2}F_{ix}^{\mathrm{g}} + q_{i1}F_{iy}^{\mathrm{g}}] = 0
\end{cases}
\tag{2.36}
$$

式(2.36)给出了广义速率 (u_{01}, u_{02}, u_{03}) 的运动规律。至此，综合式(2.31)、式(2.34)和式(2.36)即得到星间可控场力作用航天器集群的 6-DOF 动力学方程。

2.4　动力学守恒特性

2.4.1　保守力先决条件及建模分析

　　保守力定义：一类特殊的作用力，该作用力所做的功不因路径的不同而改变。保守力与非保守力的最大区别是保守力可以定义势能，而非保守力不能定义势能，势能为相对位置的函数。因此，对于星间可控场力作用的航天器相对运动这一类对象而言，要满足保守力的要求，则控制变量(如线圈电流、电荷)须恒定不变。可将整个控制过程分为很多序贯相连的阶段，每一阶段的线圈电流、电荷恒定不变，该阶段符合保守力定义，满足动力学守恒特性。

　　星间可控场力的引入使得航天器的轨迹运动与姿态运动之间产生强耦合，如图 2.6 所示。

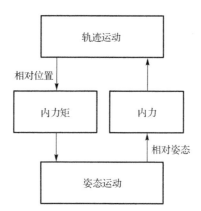

图 2.6　轨迹运动与姿态运动强耦合关系

　　定义参考坐标系及相关状态量如图 2.7 所示：$O_E X_I Y_I Z_I$ 为 ECI 坐标系；$O_{CM} xyz$ 为航天器集群系统质心处 Hill 坐标系；R_i、R_j、R_{CM} 分别为航天器 i、j 及质心的地心矢径；r_i、r_j 分别为航天器 i 和 j 相对集群系统质心的距离；r_{ij} 为由航天器 i 指向 j 的相对距离。为表述星间可控场力作用的航天器集群构型，以集群系统质心处 Hill 系为参考，以相对系统质心的位置 $r_i = [x_i \quad y_i \quad z_i]^T$、姿态 $\Psi_i = [\varphi \quad \theta \quad \psi]^T$ 表征航天器 i 的状态，则集群系统状态可表征为

$$X = [x_1, y_1, z_1, \cdots, x_N, y_N, z_N, \varphi_1, \theta_1, \psi_1, \cdots, \varphi_N, \theta_N, \psi_N]^T \tag{2.37}$$

式中，N 为航天器集群数量。

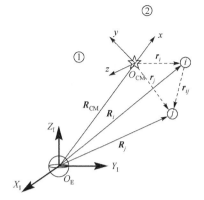

图 2.7　参考坐标系及相关状态量

1. 质心运行于圆轨道

假设集群系统质心运行于圆轨道，则可直接利用相对运动的 C-W(Clohessv-Wiltshire)方程建立航天器 i 相对系统质心的平动运动模型为

$$
\begin{cases}
\ddot{x}_i - 2n_{CM}\dot{y}_i - 3n_{CM}^2 x_i = \displaystyle\sum_{k=1;k\neq i}^{N} f_{xk}^i(\boldsymbol{X}) \\[2mm]
\ddot{y}_i + 2n_{CM}\dot{x}_i = \displaystyle\sum_{k=1;k\neq i}^{N} f_{yk}^i(\boldsymbol{X}) \\[2mm]
\ddot{z}_i + n_{CM}^2 z_i = \displaystyle\sum_{k=1;k\neq i}^{N} f_{zk}^i(\boldsymbol{X})
\end{cases}
\tag{2.38}
$$

式中，$(f_{xk}^i, f_{yk}^i, f_{zk}^i)$ 为航天器 k 对航天器 i 作用电磁力的等效加速度。

进一步，基于式(2.38)，航天器 j 相对航天器 i 的平动运动模型为

$$
\begin{cases}
\ddot{x}_{ij} - 2n_{CM}\dot{y}_{ij} - 3n_{CM}^2 x_{ij} = \displaystyle\sum_{k=1;k\neq j}^{N} f_{xk}^j(\boldsymbol{X}) - \sum_{k=1;k\neq i}^{N} f_{xk}^i(\boldsymbol{X}) \\[2mm]
\ddot{y}_{ij} + 2n_{CM}\dot{x}_{ij} = \displaystyle\sum_{k=1;k\neq j}^{N} f_{yk}^j(\boldsymbol{X}) - \sum_{k=1;k\neq i}^{N} f_{yk}^i(\boldsymbol{X}) \\[2mm]
\ddot{z}_{ij} + n_{CM}^2 z_{ij} = \displaystyle\sum_{k=1;k\neq j}^{N} f_{zk}^j(\boldsymbol{X}) - \sum_{k=1;k\neq i}^{N} f_{zk}^i(\boldsymbol{X})
\end{cases}
\tag{2.39}
$$

式中，(x_{ij}, y_{ij}, z_{ij}) 为 $\boldsymbol{r}_{ij}$ 在 $O_{CM}xyz$ 系的投影分量。

2. 质心运行于椭圆轨道

假设集群系统质心运行于椭圆轨道，则可直接利用相对运动的 T-H(Tschauner-Hempel)方程[3]建立航天器 i 相对系统质心的平动运动模型：

$$\begin{cases} x_i'' - \dfrac{2e\sin\theta}{1+e\cos\theta}x_i' - 2y_i' - \dfrac{3+e\cos\theta}{1+e\cos\theta}x_i + \dfrac{2e\sin\theta}{1+e\cos\theta}y_i = \dfrac{(1-e^2)^3}{n_{\mathrm{CM}}^2(1+e\cos\theta)^4}\sum_{k=1;k\neq i}^{N} f_{xk}^i(\boldsymbol{X}) \\[3mm] y_i'' + 2x_i' - \dfrac{2e\sin\theta}{1+e\cos\theta}y_i' - \dfrac{2e\sin\theta}{1+e\cos\theta}x_i - \dfrac{e\cos\theta}{1+e\cos\theta}y_i = \dfrac{(1-e^2)^3}{n_{\mathrm{CM}}^2(1+e\cos\theta)^4}\sum_{k=1;k\neq i}^{N} f_{yk}^i(\boldsymbol{X}) \\[3mm] z_i'' - \dfrac{2e\sin\theta}{1+e\cos\theta}z_i' + \dfrac{1}{1+e\cos\theta}z_i = \dfrac{(1-e^2)^3}{n_{\mathrm{CM}}^2(1+e\cos\theta)^4}\sum_{k=1;k\neq i}^{N} f_{zk}^i(\boldsymbol{X}) \end{cases} \quad (2.40)$$

式中，e、θ 分别为椭圆轨道的偏心率与真近点角；$x_i' = \mathrm{d}x_i/\mathrm{d}\theta$ 及 $x_i'' = \mathrm{d}^2x_i/\mathrm{d}\theta^2$，满足

$$\begin{cases} \dfrac{\mathrm{d}}{\mathrm{d}t} = \dot{\theta}\dfrac{\mathrm{d}}{\mathrm{d}\theta} \\[3mm] \dfrac{\mathrm{d}^2}{\mathrm{d}t^2} = \dot{\theta}^2\dfrac{\mathrm{d}^2}{\mathrm{d}\theta^2} + \ddot{\theta}\dfrac{\mathrm{d}}{\mathrm{d}\theta} \end{cases} \quad (2.41)$$

其中，$(\dot{\theta}, \ddot{\theta})$ 计算公式为

$$\begin{cases} \dot{\theta} = \dfrac{n_{\mathrm{CM}}(1+e\cos\theta)^2}{(1-e^2)^{3/2}} \\[3mm] \ddot{\theta} = \dfrac{-2n_{\mathrm{CM}}^2 e\sin\theta(1+e\cos\theta)^3}{(1-e^2)^3} \end{cases} \quad (2.42)$$

同理，航天器 j 相对航天器 i 的平动运动模型可由式 (2.40) 直接计算得出。

3. 质心运行于一般开普勒轨道

假设集群系统质心运行于一般开普勒轨道，则可直接利用相对运动的轨道根数形式的方程建立航天器 i 相对系统质心的平动运动模型。为消除轨道倾角 $I = 0$ 和 $e = 0$ 情况下方程的奇异性，采用修正轨道根数 $\boldsymbol{\sigma}_i = [p_i \quad f_i \quad g_i \quad h_i \quad k_i \quad L_i]^{\mathrm{T}}$ 来表征航天器 i 的平动状态。修正轨道根数与经典轨道根数的关系为

$$\begin{cases} p = a(1-e^2), \quad f = e\cos(\omega+\Omega), \quad g = e\sin(\omega+\Omega) \\[2mm] h = \tan(\Omega I/2)\cos\Omega, \quad k = \tan(I/2)\sin\Omega, \quad L = \Omega+\omega+\theta \end{cases} \quad (2.43)$$

式中，a 为半长轴；ω 为近地点幅角；Ω 为升交点赤经。

因此，星间可控场力作用的航天器集群系统中，航天器 i 绝对轨道运动的修正轨道根数表示的模型为

$$\dot{\boldsymbol{\sigma}}_i = \boldsymbol{A}(\boldsymbol{\sigma}_i)\sum_{k=1;k\neq i}^{N} \boldsymbol{f}_k^i + \boldsymbol{B}(\boldsymbol{\sigma}_i) \quad (2.44)$$

式中，$A(\sigma_i)$ 和 $B(\sigma_i)$ 的具体形式见文献[4]。

进一步，考虑集群系统质心的修正轨道根数满足 $\dot{\sigma}_i = [0\ \ 0\ \ 0\ \ 0\ \ 0\ \ \dot{L}_{CM}]^T$，采用修正轨道根数的偏差表征航天器 i 相对集群系统质心、航天器 j 相对航天器 i 的平动运动状态，可表示为

$$\begin{cases} \delta\boldsymbol{\sigma}_{iCM} = [p_i \quad f_i \quad g_i \quad h_i \quad k_i \quad L_i - L_{CM}]^T \\ \delta\boldsymbol{\sigma}_{ij} = [p_i - p_j \quad f_i - f_j \quad g_i - g_j \quad h_i - h_j \quad k_i - k_j \quad L_i - L_j]^T \end{cases} \quad (2.45)$$

因此，一般开普勒轨道的相对平动运动模型可由式(2.44)和式(2.45)表征。

4. 相对姿态动力学模型

设航天器球对称，根据欧拉公式[5]，航天器 i 相对 $O_{CM}xyz$ 系姿态的动力学模型为

$$\begin{cases} I_{xi}\dot{\omega}_{xi} + (I_{zi} - I_{yi})\omega_{yi}(\omega_{zi} + \dot{\theta}) = \sum_{k=1;k\neq i}^{N} \tau_{xk}^i(\boldsymbol{X}) \\ I_{yi}\dot{\omega}_{yi} + (I_{xi} - I_{zi})\omega_{xi}(\omega_{zi} + \dot{\theta}) = \sum_{k=1;k\neq i}^{N} \tau_{yk}^i(\boldsymbol{X}) \\ I_{zi}(\dot{\omega}_{zi} + \ddot{\theta}) + (I_{yi} - I_{xi})\omega_{xi}\omega_{yi} = \sum_{k=1;k\neq i}^{N} \tau_{zk}^i(\boldsymbol{X}) \end{cases} \quad (2.46)$$

式中，$(\omega_{xi}, \omega_{yi}, \omega_{zi})$ 为航天器 i 相对 $O_{CM}xyz$ 系的角速度在 $O_{CM}xyz$ 系的投影；$(\tau_{xk}^i, \tau_{yk}^i, \tau_{zk}^i)$ 为星间可控场力矩；(I_{xi}, I_{yi}, I_{zi}) 为航天器主惯量。

2.4.2　动力学守恒分析

星间可控场力是相对作用力，满足

$$\boldsymbol{F}_k^i = -\boldsymbol{F}_i^k \quad (2.47)$$

因此，对于整个航天器集群系统而言，星间可控场力总和满足

$$\sum_{k=1}^{N} \sum_{i=1;i\neq k}^{N} \boldsymbol{F}_i^k = \boldsymbol{0} \quad (2.48)$$

另外，将质心作为参考点计算可控场力矩，对于整个航天器集群系统而言，星间可控场力/力矩满足

$$\sum_{i=1}^{N} \left(\boldsymbol{r}_i \times \sum_{k=1;k\neq i}^{N} \boldsymbol{F}_k^i + \boldsymbol{\tau}_i \right) = \boldsymbol{0} \quad (2.49)$$

式中，$\boldsymbol{\tau}_i$ 为星间可控场力矩。

星间可控场力作用的航天器集群系统满足总线动量、总角动量以及总机械能守恒，对应 7 个标量约束方程。

1. 总线动量守恒

基于集群系统质心定义推导，满足

$$\begin{cases} \displaystyle\sum_{i=1}^{N} m_i \boldsymbol{r}_i = \boldsymbol{0} \\ \displaystyle\sum_{i=1}^{N} m_i \frac{\mathrm{d}\boldsymbol{r}_i}{\mathrm{d}t} = \sum_{i=1}^{N} m_i (\dot{\boldsymbol{r}}_i + n_{\mathrm{CM}} \times \boldsymbol{r}_i) = \sum_{i=1}^{N} m_i \dot{\boldsymbol{r}}_i + n_{\mathrm{CM}} \times \sum_{i=1}^{N} m_i \boldsymbol{r}_i = \sum_{i=1}^{N} m_i \dot{\boldsymbol{r}}_i = \boldsymbol{0} \end{cases} \tag{2.50}$$

式中，m_i 为航天器 i 的质量；$\dot{\boldsymbol{r}}_i$ 为航天器 i 相对于 $O_{\mathrm{CM}}xyz$ 系的速度。

2. 总角动量守恒

考虑航天器集群仅受星间可控场力及地球引力作用：前者为航天器集群系统内力，后者与航天器质心地心矢径反向。因此，星间可控场力作用的航天器集群系统对地心角动量 $\boldsymbol{H}_{\mathrm{E}}$ 守恒，满足

$$\boldsymbol{H}_{\mathrm{E}} = \sum_{i=1}^{N} \boldsymbol{R}_i \times m_i \dot{\boldsymbol{R}}_i = \boldsymbol{C}_{\mathrm{H}} \tag{2.51}$$

式中，$\boldsymbol{C}_{\mathrm{H}}$ 为常矢量。

将 $\boldsymbol{R}_i = \boldsymbol{R}_{\mathrm{CM}} + \boldsymbol{r}_i$ 代入式 (2.51)，同时采用式 (2.50) 对其进行简化，可得相对运动状态参数 $(\boldsymbol{R}_{\mathrm{CM}}, \boldsymbol{r}_i)$ 表征的系统总角动量为

$$\boldsymbol{H}_{\mathrm{E}} = M\boldsymbol{R}_{\mathrm{CM}} \times \dot{\boldsymbol{R}}_{\mathrm{CM}} + \sum_{i=1}^{N} m_i \boldsymbol{r}_i \times \frac{\mathrm{d}\boldsymbol{r}_i}{\mathrm{d}t} = M\boldsymbol{R}_{\mathrm{CM}} \times \dot{\boldsymbol{R}}_{\mathrm{CM}} + \boldsymbol{H}_{\mathrm{CM}} = \boldsymbol{C}_{\mathrm{H}} \tag{2.52}$$

式中，$M = \displaystyle\sum_{i=1}^{N} m_i$ 为航天器集群系统总质量；$\boldsymbol{H}_{\mathrm{CM}}$ 为航天器集群系统对系统质心的总角动量。

3. 总机械能守恒

地球引力及星间可控场力属于保守力，因此，星间可控场力作用的集群航天器组总机械能守恒，满足

$$\sum_{i=1}^{N} \left[\frac{1}{2} m_i \dot{\boldsymbol{R}}_i \cdot \dot{\boldsymbol{R}}_i - \mu_{\mathrm{gE}} \frac{m_i}{R_i} + P_i(\boldsymbol{r}_{ij}) \right] = C_{\mathrm{E}} \tag{2.53}$$

式中，$P_i(\boldsymbol{r}_{ij})$ 为星间可控场的势能。

进一步，将 $R_i = R_{CM} + r_i$ 代入式 (2.53)，可得相对运动状态参数表征的总机械能表达式。

2.4.3　相对运动特性分析

1. 近地轨道应用场景的相对运动特性

星间可控场力操控技术可用于完成多类型近地轨道任务，如交会对接、大型空间机构在轨装配、失效航天器回收等。然而，近地轨道场景需考虑地球引力作用，显著增加了相对运动特性分析的复杂度。

考虑星间可控场力及地球引力综合作用，航天器集群系统执行相关操控任务需满足

$$\begin{cases} F_{In1} - F_{des1} + F_{Ge1} = 0 \\ F_{In2} - F_{des2} + F_{Ge2} = 0 \\ \qquad \vdots \\ F_{InN-1} - F_{desN-1} + F_{GeN-1} = 0 \\ F_{InN} - F_{desN} + F_{GeN} = 0 \end{cases} \tag{2.54}$$

式中，下标 In 表示星间可控场力；des 表示操控任务对应作用力；Ge 表示地球引力。

分析式 (2.54) 可知，对于由 N 颗航天器组成的集群，基于星间可控场力的内力属性可知，式 (2.54) 对应的约束数目为 $3(N-1)$；进一步分析控制变量数目，电场力控制时为 N，磁场力控制时为 $3N$，磁通钉扎效应力控制时为 $3(N-1)$。因此，若采用星间可控电场力进行控制，则需增加额外的 $2N-3$ 个约束，使得控制变量数目与控制需求数目相等；采用星间可控磁场力和磁通钉扎效应力满足要求，且磁场力作用存在优化空间。

2. 深空轨道应用场景的相对运动特性

星间可控场力比较适合应用于深空轨道场景：不考虑地球引力作用影响，更能体现星间可控场力作用的航天器间相对运动特性。

1) 动力学特征参数

深空轨道应用场景中，集群系统质心不受星间可控场力作用，且集群系统总线动量守恒，满足

$$\begin{cases} \displaystyle\sum_{i=1}^{N} m_i v_i = C_L \\ Mr_{CM} = At + B \end{cases} \tag{2.55}$$

式中，v_i 为航天器 i 相对集群系统质心惯性系的线速度；A 和 B 为常值矩阵；C_L 为常值矢量，t 为时间。

此外，深空轨道应用场景中，各航天器相对集群系统质心的总角动量守恒，为

$$\sum_{i=1}^{N}(I_i\omega_i + m_i r_i \times v_i) = C_{\text{HCM}} \tag{2.56}$$

式中，r_i 为航天器 i 相对集群系统质心的距离；ω_i 为航天器 i 相对集群系统质心惯性系的角速度；C_{HCM} 为航天器集群相对其系统质心的角动量之矢量和。

2) 可控相对轨道运动

针对深空轨道应用场景，研究星间可控场力作用的两颗航天器系统动力学特

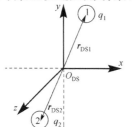

图 2.8　深空轨道应用场景参考坐标系

征。由于两航天器间仅受星间可控场力作用，与近地轨道卫星的轨道运动类似，该两航天器间也会形成类似相对轨道。参考坐标系 $O_{\text{DS}}xyz$ 建立如图 2.8 所示，质心为原点，三坐标轴任意惯性指向，满足右手定则。

以星间可控电场力作用为例，深空轨道场景的两航天器相对运动动力学模型为

$$\begin{aligned}
\ddot{d}_{\text{DS12}} &= \ddot{r}_{\text{DS2}} - \ddot{r}_{\text{DS1}} \\
&= \frac{k_c}{m_2}\frac{r_{\text{DS2}} - r_{\text{DS1}}}{d_{\text{DS12}}^3}q_1q_2 - \frac{k_c}{m_1}\frac{r_{\text{DS1}} - r_{\text{DS2}}}{d_{\text{DS12}}^3}q_1q_2 \\
&= \frac{k_c q_1 q_2}{d_{\text{DS12}}^3}\left(\frac{r_{\text{DS2}} - r_{\text{DS1}}}{m_2} - \frac{r_{\text{DS1}} - r_{\text{DS2}}}{m_1}\right)
\end{aligned} \tag{2.57}$$

将 $d_{\text{DS12}} = r_{\text{DS2}} - r_{\text{DS1}}$ 代入式 (2.57)，简化为

$$\ddot{d}_{\text{DS12}} = \frac{k_c q_1 q_2}{d_{\text{DS12}}^3}\frac{m_1 + m_2}{m_1 m_2}d_{\text{DS12}} \Rightarrow \ddot{d}_{\text{DS12}} + \frac{\mu_{\text{ES}}}{d_{\text{DS12}}^2}\hat{d}_{\text{DS12}} = 0 \tag{2.58}$$

式中，$\mu_{\text{ES}} = -k_c q_1 q_2 (m_1 + m_2)/(m_1 m_2)$。分析可知，$\mu_{\text{ES}}$ 与地球引力常数表达式具有相似性，但 μ_{ES} 数值是可控的。

分析式 (2.58) 可知，其与标准的近地轨道航天器的二体运动模型相似，区别在于此处的 μ_{ES} 为变量，可根据任务需求(如相对轨道运动角速度等)调节，满足圆锥曲线运动特征，也可采用 6 个轨道根数进行描述。

需要说明的是，当航天器集群数目增加时，相对运动特性会更复杂，但任意两航天器之间的相对运动特性具有一致性。

2.4.4　仿真算例

本节采用绕系统质心共面旋转(图 2.9)的算例来对 3 类作用力的动力学特性进行分析,其中系统质心沿圆轨道运动。图 2.9 中, $O_{CM}xyz$ 为系统质心 Hill 系(简称 $\mathcal{H}$ 系), $O_{CM}x_1y_1z_1$ 为集群系统固连系,其中 $O_{CM}x_1$ 沿两航天器质心连线;图 2.10 定义了绕系统质心共面旋转的航天器相对位置计算参考,其中 ω 为旋转角速度, l 为旋转半径。

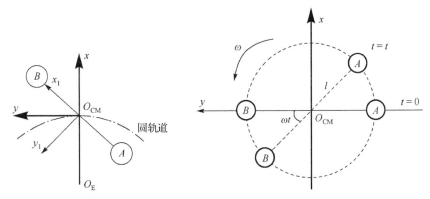

图 2.9　绕系统质心共面旋转　　图 2.10　共面旋转航天器的相对位置计算参考

动力学模型为

$$\begin{cases} \ddot{x}_B - 2n_{CM}\dot{y}_B - 3n_{CM}^2 x_B = f_{Bx} \\ \ddot{y}_B + 2n_{CM}\dot{x}_B = f_{By} \end{cases} \tag{2.59}$$

式中, $[x_B, y_B, \dot{x}_B, \dot{y}_B]^T$ 为航天器 B 相对质心的位置和速度在系统质心 Hill 系的投影分量; $[f_{Bx}, f_{By}]^T$ 为航天器 B 所受星间可控场力在系统质心 Hill 系的投影分量。

仿真参数如表 2.3 所示。

表 2.3　仿真参数

参数	值	参数	值	参数	值
质心轨道高度 h/km	36000	r_{FC}/m	0.1	μ_{FC}/(A·m²)	1000
航天器质量 m/kg	50	l/m	5	ω	$200n_{CM}$

1.　电场力

航天器 B 所受电场力计算公式为

$$\begin{bmatrix} f_{Bx} \\ f_{By} \end{bmatrix} = -\frac{k_c q_A q_B}{4m(x_B^2 + y_B^2)^{1.5}} \begin{bmatrix} x_B \\ y_B \end{bmatrix} \qquad (2.60)$$

式(2.60)满足 $f_{Bx}/f_{By} = x_B/y_B$，然而由式(2.59)可知 $f_{Bx}/f_{By} \neq x_B/y_B$，因此仅采用星间电场力不满足共面旋转。

仿真结果如图 2.11 和图 2.12 所示，图 2.11 为航天器 A 与 B 相对系统质心的位置与速度，图 2.12 为集群系统相对于系统质心的总角动量。分析可知，系统质心运动不受电场力影响，线动量守恒，但相对系统质心的角动量不守恒。

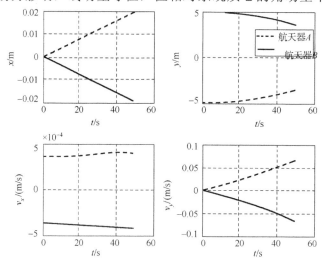

图 2.11　电场力作用下绕系统质心共面旋转航天器的相对位置与速度

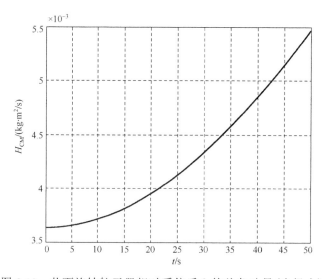

图 2.12　共面旋转航天器相对系统质心的总角动量(电场力)

2. 磁场力

磁场力作用下绕系统质心共面旋转的电场力表征如图 2.13 所示。

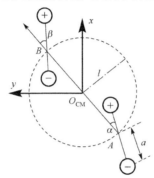

图 2.13　磁场力作用的电场力表征

设定 $\alpha = 0$ 及 $\mu_A = 1.0 \times 10^5 \text{A} \cdot \text{m}^2$，则航天器 B 所受磁场力计算公式为

$$\begin{bmatrix} f_{Bx} \\ f_{By} \end{bmatrix} = \frac{3}{64\pi} \frac{\mu_0 \mu_A \mu_B}{m(x_B^2 + y_B^2)^{2.5}} \begin{bmatrix} -2\cos\beta x_B - \sin\beta y_B \\ -2\cos\beta y_B + \sin\beta x_B \end{bmatrix} \tag{2.61}$$

期望控制力为

$$f_{B\_desire} = l \begin{bmatrix} \omega^2 \sin(\omega t) + 2n_{CM}\omega\sin(\omega t) + 3n_{CM}^2 \sin(\omega t) \\ -\omega^2 \cos(\omega t) - 2n_{CM}\omega\cos(\omega t) \end{bmatrix} \tag{2.62}$$

令式 (2.61) 与式 (2.62) 相等，可求解控制变量 (μ_B, β)，仿真结果如图 2.14 所示。

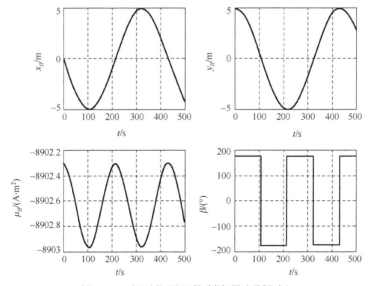

图 2.14　相对位置及控制变量 (磁场力)

为验证基于电场力表征磁场力的正确性，建立航天器 *B* 所受磁场力及其对应电场力表征的方程，分别如式 (2.63) 及式 (2.64) 所示，并由此开展仿真对比分析，如图 2.15 所示，分析可知两方程对应作用力的等效加速度偏差 δ_a 非常小，满足等价关系。

$$\begin{bmatrix} f_{Bx} \\ f_{By} \end{bmatrix} = -\frac{3}{32\pi}\frac{\mu_0\mu_A\mu_B}{m(x_B^2+y_B^2)^{2.5}}\begin{bmatrix} x_B \\ y_B \end{bmatrix} \tag{2.63}$$

$$\begin{bmatrix} f_{Bx} \\ f_{By} \end{bmatrix}_{ES} = \frac{1}{m}\left(\frac{k_c q_A q_B}{2(x_B^2+y_B^2)^{1.5}} - \frac{1}{4}\left(\frac{k_c q_A q_B}{((x_B^2+y_B^2)^{0.5}+a)^2} + \frac{k_c q_A q_B}{((x_B^2+y_B^2)^{0.5}-a)^2} \right)\frac{1}{(x_B^2+y_B^2)^{0.5}} \right)\begin{bmatrix} x_B \\ y_B \end{bmatrix} \tag{2.64}$$

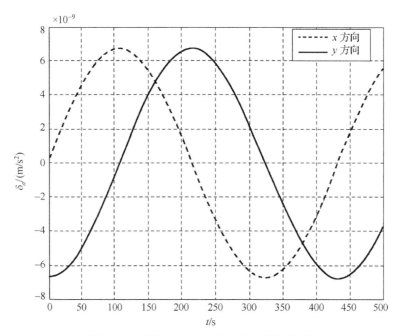

图 2.15　磁场力与对应电场力表征的偏差

3. 磁通钉扎效应力

图 2.16 给出了磁通钉扎效应力作用下绕系统质心共面旋转的电场力表征，包括两部分：冻结镜像磁偶极子作用、移动镜像磁偶极子作用。对应的作用力计算为

$$\begin{bmatrix} f_{Bx} \\ f_{By} \end{bmatrix}_F = \frac{3}{4\pi}\frac{\mu_0\mu_A\mu_B}{m[(x_B^2+y_B^2)^{0.5}+r_{FC}]^4(x_B^2+y_B^2)^{0.5}}\begin{bmatrix} -2\cos\beta x_B - \sin\beta y_B \\ -2\cos\beta y_B + \sin\beta x_B \end{bmatrix}\begin{bmatrix} x_B \\ y_B \end{bmatrix} \tag{2.65}$$

$$\begin{bmatrix} f_{Bx} \\ f_{By} \end{bmatrix}_{\mathrm{M}} = \frac{3}{64\pi} \frac{\mu_0 \mu_B^2 (1 + \cos^2 \beta)}{m(x_B^2 + y_B^2)^{2.5}} \begin{bmatrix} x_B \\ y_B \end{bmatrix} \tag{2.66}$$

$$[f_{Bx} \quad f_{By}]^{\mathrm{T}} = [f_{Bx} \quad f_{By}]_{\mathrm{F}}^{\mathrm{T}} + [f_{Bx} \quad f_{By}]_{\mathrm{M}}^{\mathrm{T}} \tag{2.67}$$

因此，令式 (2.67) 与期望作用力式 (2.62) 相等，可求解对应的磁通钉扎控制变量。

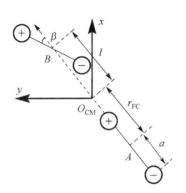
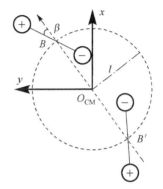

(a) 冻结镜像磁偶极子作用   (b) 移动镜像磁偶极子作用

图 2.16 磁通钉扎效应力作用的电场力表征

同样，为验证基于电场力表征磁通钉扎效应力的正确性，建立航天器 B 所受磁通钉扎效应力及其对应电场力表征的方程，分别如式 (2.68) 及式 (2.69) 所示，并由此开展仿真对比分析，如图 2.17 所示，分析可知两方程对应的作用力数值偏差非常小，满足等价关系。

$$\begin{bmatrix} f_{Bx} \\ f_{By} \end{bmatrix} = \left(-\frac{3}{2\pi} \frac{\mu_0 \mu_A \mu_B}{m((x_B^2+y_B^2)^{0.5}+r_{\mathrm{FC}})^4 (x_B^2+y_B^2)^{0.5}} + \frac{3}{32\pi} \frac{\mu_0 \mu_B^2}{m(x_B^2+y_B^2)^{2.5}} \right) \begin{bmatrix} x_B \\ y_B \end{bmatrix} \tag{2.68}$$

$$\begin{aligned} \begin{bmatrix} f_{Bx} \\ f_{By} \end{bmatrix}_{\mathrm{ES}} = &\frac{1}{m} \left(\frac{-k_c q_B^2}{2(x_B^2+y_B^2)^{1.5}} + \frac{1}{4} \left(\frac{k_c q_B^2}{((x_B^2+y_B^2)^{0.5}+a)^2} \right. \right. \\ & \left. + \frac{k_c q_B^2}{((x_B^2+y_B^2)^{0.5}-a)^2} \right) \frac{1}{(x_B^2+y_B^2)^{0.5}} \right) \begin{bmatrix} x_B \\ y_B \end{bmatrix} \\ & + \left(\frac{2k_c q_{\mathrm{FC}} q_B}{((x_B^2+y_B^2)^{0.5}+r_{\mathrm{FC}})^2} - \left(\frac{k_c q_{\mathrm{FC}} q_B}{((x_B^2+y_B^2)^{0.5}+r_{\mathrm{FC}}+2a)^2} \right. \right. \\ & \left. \left. + \frac{k_c q_{\mathrm{FC}} q_B}{((x_B^2+y_B^2)^{0.5}+r_{\mathrm{FC}}-2a)^2} \right) \right) \frac{1}{m(x_B^2+y_B^2)^{0.5}} \begin{bmatrix} x_B \\ y_B \end{bmatrix} \end{aligned} \tag{2.69}$$

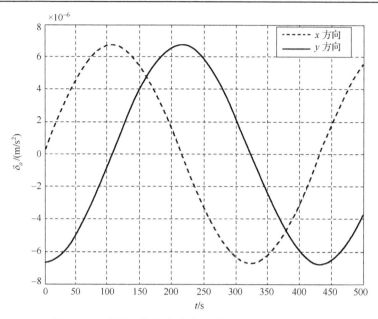

图 2.17　磁通钉扎效应力与对应电场力表征的偏差

此外，考虑深空轨道应用场景，分析两航天器在星间电场力作用下系统的总线动量及总角动量。仿真参数与前述算例一致，仿真结果如图 2.18 所示，分析可知总线动量 L 及总角动量 H_{CM} 都守恒，与理论分析结论相符。

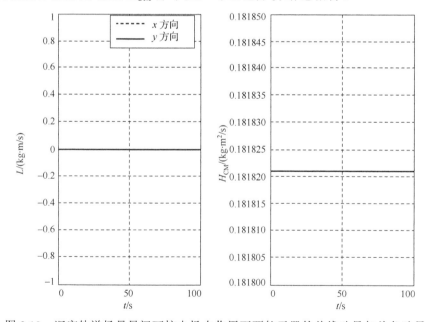

图 2.18　深空轨道场景星间可控电场力作用下两航天器的总线动量与总角动量

2.5　本章小结

从星间可控场力作用航天器相对运动的基本规律出发，本章阐述了电磁学基础、三类作用力的统一建模、动力学建模关键问题以及动力学守恒特性等，得出如下结论。

(1)电场力与磁场力的建模和作用规律具有类比性与相通性，且具有强非线性、耦合性等；两者的非线性程度具有差别，磁场力的非线性程度更高；磁场力作用具有三维属性，而电场力作用理论上仅具有一维特性。

(2)以静电场力为基础，基于静电场/静磁场的二元性定律建立磁场力、磁通钉扎效应力的模型是可行的，但模型复杂，不适用于后续动力学分析与控制律设计，仅适用于三类作用力基础力学属性分析。

(3)分析了星间可控场力引入对动力学建模的影响，并分别基于牛顿力学框架与分析力学框架给出了相应的动力学模型；由动力学模型分析可知，基于牛顿力学框架建立的动力学模型物理意义明确，模型复杂度随航天器数目增加的幅度不大，但对整个航天器集群属性无反映；基于分析力学框架建立的动力学模型可较好地反映整个航天器集群属性，但模型复杂度随航天器数目增加较明显。

(4)分析了星间可控场力作用的航天器相对运动动力学守恒特性，给出了相关表达式。

参 考 文 献

[1] Elias L M. Dynamics of multi-body space interferometers including reaction wheel gyroscopic stiffening effects: Structurally connected and electromagnetic formation flying architectures[D]. Combridge: Massachusetts Institute of Technology, 2004.

[2] 黄涣. 航天器电磁集群动力学与控制研究[D]. 长沙: 国防科技大学, 2015.

[3] Zanon D J, Campbell M E. Optimal planner for spacecraft formations in elliptical orbits[J]. Journal of Guidance, Control and Dynamics, 2006, 29(1): 161-171.

[4] Kluever C A. Optimal low-thrust inter-planetary trajectories by direct method techniques[J]. Journal of the Astronautical Sciences, 1997, 45(3): 247-262.

[5] Schaub H, Junkins J L. Analytical Mechanics of Space Systems[M]. Reston: AIAA Education Series, 2003.

第3章　电场力作用的航天器相对运动机理

针对星间电场力作用的航天器相对运动,本章阐述具体的力学建模(侧重点在于航天器所带电荷分布与单元电荷假设不同所导致的建模差异)、动力学建模以及动力学特性分析,给出后续章节控制律设计所需利用的对象属性。

3.1　电场力在轨产生机理与模型

3.1.1　电场力在轨产生机理

对于不考虑空间等离子体环境影响的星间可控电场力应用而言,一般采用"服务航天器向目标航天器喷射电子束"的电场力产生模式(目前来说,电子喷射器相对离子喷射器技术更加成熟),使得服务航天器带正电荷、目标航天器带负电荷。如果服务航天器喷射离子束,则两航天器所带电荷极性正好相反。进一步考虑空间等离子体环境使航天器表面带电效应,"服务航天器向目标航天器喷射电子/离子束"方法所传递粒子数量取决于任务需求(吸引或排斥)、等离子体环境使航天器带电性质及带电量:直接喷射电子束或离子束适用于吸引(或对接)模式;对于排斥(或分离)任务而言,服务航天器需同时喷射方向相反的电子束与离子束,使得服务航天器与目标航天器带电性质一致(图 3.1)[1]。

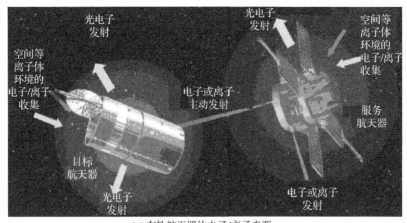

(a) 在轨航天器的电子/离子来源

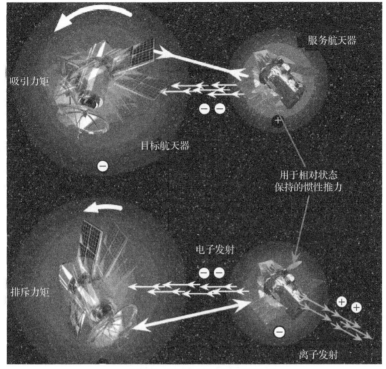

(b) 吸引–排斥模式的电子/离子发射

图 3.1　星间可控吸引-排斥电场力产生原理

分析图 3.1 可知，在轨航天器喷射枪的电子或离子来源于空间等离子体环境，因此空间等离子体环境特性(包括粒子浓度、温度)影响喷射枪的收集效率；另外，吸引模式的电子喷射较简单，仅存在一类喷射方式，而排斥模式的电子喷射相对复杂，需同时喷射电子与离子，确保两航天器电荷极性一致。

由电流平衡推导电势模型[2]，对于电子喷射航天器而言，满足

$$I_e(\phi_E) + I_t = 0 \Rightarrow \phi_E = \left(\frac{4I_t}{Aqn_e\omega_e} - 1\right)T_e \qquad (3.1)$$

式中，ϕ_E 为电子喷射航天器平衡电势；I_e 为从空间等离子体环境吸收的电子电流；T_e、ω_e、n_e 为空间等离子体环境的特征参数，分别表示电子的温度、振荡频率以及数量密度；A 为航天器表面积；q 为航天器表面电荷；I_t 为航天器喷射电子电流。

对于电子接收航天器而言，其平衡电势 ϕ_R 满足

$$I_e(\phi_R) + I_i(\phi_R) + I_{SEE}(\phi_R) + I_{ph}(\phi_R) + I_R(\phi_R) = 0 \qquad (3.2)$$

式中，I_i 为从空间等离子体环境吸收的离子电流；I_{SEE} 为二次电子喷射电流；I_{ph}

为光电子电流(前提条件为航天器位于光照区);I_R 为接收到电子喷射航天器喷射的电子电流。

电子接收航天器的平衡电势可由式(3.2)求解,所对应的各电流表达式见文献[2],为复杂的非线性方程求解问题;计算得到平衡电势后,可根据电场理论与库仑定律计算对应的作用力。目前已有多款软件可应用,如空间环境效应(space environment effects,SEE)软件,直接进行数值计算得出所需量。举一个典型案例:1969~1980 年(约为 1 个太阳活动周期(11 年)),装载有空间粒子探测器 ATS 和 SCATHA 航天器完成了 50 个完整天的空间等离子体环境探测,基于航天器实测空间环境数据并采用 SEE 软件计算航天器表面电势如图 3.2 所示[3]。

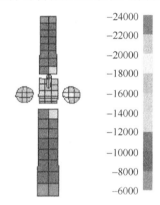

图 3.2　航天器表面电势(单位为 V)(见彩图)

3.1.2　星间电场力建模

目前,常使用的星间电场力建模思路为:第一步,基于相关软件计算给定空间状态(轨道、姿态、一般或恶劣空间环境等)、航天器表面材料及其有限元划分的表面各单元电势 V_i;第二步,根据 V_i,基于相关静电场理论计算航天器表面单元 i 所对应的点电荷;第三步,根据库仑定律计算航天器 A 表面的 i 点电荷与航天器 B 表面的 j 点电荷之间库仑力,进而采用矢量叠加手段计算航天器 A 与 B 之间的电场力;第四步,根据航天器物理尺寸和库仑力计算所对应的电偶极子力矩。

3.2　动力学建模

3.2.1　一般模型

基于第 2 章作用力/力矩的建模并考虑星间相对运动应用,建立动力学建模参考坐标系及相关状态量如图 3.3 所示。设定质心参考系 $O_{CM}x_{CM}y_{CM}z_{CM}$ 满足一般轨道运动规律，将航天器当作质点考虑，采用拉格朗日方程建立电场力作用集群系统的相对平动动力学模型，建模关键在于求解系统总势能及总动能。

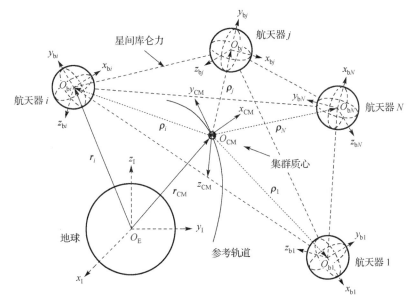

图 3.3　电场力作用集群建模参考系及状态变量

1. 系统总动能

航天器 i 的绝对线速度为

$$\boldsymbol{v}_i = \frac{\mathrm{d}\boldsymbol{r}_i}{\mathrm{d}t} = \frac{\mathrm{d}(\boldsymbol{r}_{CM} + \boldsymbol{\rho}_i)}{\mathrm{d}t} \overset{\text{CM系}}{=} \frac{\partial(\boldsymbol{r}_{CM} + \boldsymbol{\rho}_i)}{\partial t} + \dot{\boldsymbol{\theta}} \times (\boldsymbol{r}_{CM} + \boldsymbol{\rho}_i)$$

$$\overset{\text{CM系}}{=} \begin{bmatrix} \dot{x}_i \\ \dot{y}_i \\ \dot{z}_i \end{bmatrix} + \begin{bmatrix} -y_i\dot{\theta} \\ (r_{CM} + x_i)\dot{\theta} \\ 0 \end{bmatrix} = \begin{bmatrix} \dot{x}_i - y_i\dot{\theta} \\ \dot{y}_i + (r_{CM} + x_i)\dot{\theta} \\ \dot{z}_i \end{bmatrix} \tag{3.3}$$

式中，$\dot{\theta}$ 为质心轨道运动角速度。则集群系统总动能为

$$T_{KE} = \frac{1}{2} \sum_{i=1}^{N} m_i \boldsymbol{v}_i^{\mathrm{T}} \boldsymbol{v}_i \tag{3.4}$$

2. 系统总势能

系统总势能 V 由两部分组成：地球引力势能 V_g 和电场势能 V_c。V_g 为

$$V_g = -\mu_{gE} \sum_{i=1}^{N} m_i [(r_{CM} + x_i)^2 + y_i^2 + z_i^2]^{-0.5} \tag{3.5}$$

式中，μ_{gE} 为地球引力常数。

以库仑航天器 N 作为电场势能 V_c 的计算参考，则 V_c 为

$$
\begin{aligned}
V_c &= k_c \sum_{i=1}^{N-1} q_i \sum_{j=i+1}^{N} q_j [(x_j - x_i)^2 + (y_j - y_i)^2 + (z_j - z_i)^2]^{-0.5} \\
&= k_c \sum_{i=1}^{N-1} q_i \sum_{j=i+1}^{N} \frac{q_j}{|\boldsymbol{\rho}_j - \boldsymbol{\rho}_i|}
\end{aligned}
\tag{3.6}
$$

式中，$k_c \approx 8.99 \times 10^9 \, \text{N} \cdot \text{m}^2 \cdot \text{C}^{-2}$ 为库仑常数。

将系统总动能与总势能代入拉格朗日方程[4-6]，推导可得一般情形下航天器 i 相对集群质心 CM 的平动运动动力学模型，其表达式为

$$
\begin{cases}
\ddot{x}_i - 2\dot{\theta}\dot{y}_i - (r_{CM} + x_i)\dot{\theta}^2 + \dfrac{\mu_{gE}(r_{CM} + x_i)}{[(r_{CM} + x_i)^2 + y_i^2 + z_i^2]^{1.5}} = \dfrac{k_c}{m_i} \sum_{j=1; j \neq i}^{N} \dfrac{x_i - x_j}{|\boldsymbol{\rho}_i - \boldsymbol{\rho}_j|^3} q_i q_j \\[3mm]
\ddot{y}_i + 2\dot{\theta}\dot{x}_i - y_i \dot{\theta}^2 + \dfrac{\mu_{gE} y_i}{[(r_{CM} + x_i)^2 + y_i^2 + z_i^2]^{1.5}} = \dfrac{k_c}{m_i} \sum_{j=1; j \neq i}^{N} \dfrac{y_i - y_j}{|\boldsymbol{\rho}_i - \boldsymbol{\rho}_j|^3} q_i q_j \\[3mm]
\ddot{z}_i + \dfrac{\mu_{gE} z_i}{[(r_{CM} + x_i)^2 + y_i^2 + z_i^2]^{1.5}} = \dfrac{k_c}{m_i} \sum_{j=1; j \neq i}^{N} \dfrac{z_i - z_j}{|\boldsymbol{\rho}_i - \boldsymbol{\rho}_j|^3} q_i q_j
\end{cases}
\tag{3.7}
$$

3.2.2 模型适应性简化

1. 航天器 i 与质心 CM 距离远小于其地心距

当 $|\boldsymbol{\rho}_i| \ll |\boldsymbol{r}_i|$ 时，可进一步简化式(3.7)中的地球引力项。采用一阶泰勒展开，有

$$
\begin{cases}
\dfrac{\mu_{gE}(r_{CM} + x_i)}{[(r_{CM} + x_i)^2 + y_i^2 + z_i^2]^{1.5}} \approx \dot{\theta}^2 (r_{CM} + x_i)\left(1 - \dfrac{3x_i}{r_{CM}}\right) \approx \dot{\theta}^2 (r_{CM} - 2x_i) \\[3mm]
\dfrac{\mu_{gE} y_i}{[(r_{CM} + x_i)^2 + y_i^2 + z_i^2]^{1.5}} \approx \dot{\theta}^2 y_i \left(1 - \dfrac{3x_i}{r_{CM}}\right) \approx \dot{\theta}^2 y_i \\[3mm]
\dfrac{\mu_{gE} z_i}{[(r_{CM} + x_i)^2 + y_i^2 + z_i^2]^{1.5}} \approx \dot{\theta}^2 z_i \left(1 - \dfrac{3x_i}{r_{CM}}\right) \approx \dot{\theta}^2 z_i
\end{cases}
\tag{3.8}
$$

则式(3.7)简化为

$$\begin{cases} \ddot{x}_i - 2\dot{\theta}\dot{y}_i - 3x_i\dot{\theta}^2 = \dfrac{k_c}{m_i}\sum_{j=1;j\neq i}^{N}\dfrac{x_i - x_j}{|\boldsymbol{\rho}_i - \boldsymbol{\rho}_j|^3}q_i q_j \\[3mm] \ddot{y}_i + 2\dot{\theta}\dot{x}_i = \dfrac{k_c}{m_i}\sum_{j=1;j\neq i}^{N}\dfrac{y_i - y_j}{|\boldsymbol{\rho}_i - \boldsymbol{\rho}_j|^3}q_i q_j \\[3mm] \ddot{z}_i + z_i\dot{\theta}^2 = \dfrac{k_c}{m_i}\sum_{j=1;j\neq i}^{N}\dfrac{z_i - z_j}{|\boldsymbol{\rho}_i - \boldsymbol{\rho}_j|^3}q_i q_j \end{cases} \tag{3.9}$$

2. 质心圆轨道+航天器 i 与质心 CM 距离远小于其地心距

进一步考虑质心圆轨道，其轨道角速度为常数，用 $\dot{\theta} = n$ 表征，则式(3.9)进一步简化为

$$\begin{cases} \ddot{x}_i - 2n\dot{y}_i - 3n^2 x_i = \dfrac{k_c}{m_i}\sum_{j=1;j\neq i}^{N}\dfrac{x_i - x_j}{|\boldsymbol{\rho}_i - \boldsymbol{\rho}_j|^3}q_i q_j \\[3mm] \ddot{y}_i + 2n\dot{x}_i = \dfrac{k_c}{m_i}\sum_{j=1;j\neq i}^{N}\dfrac{y_i - y_j}{|\boldsymbol{\rho}_i - \boldsymbol{\rho}_j|^3}q_i q_j \\[3mm] \ddot{z}_i + n^2 z_i = \dfrac{k_c}{m_i}\sum_{j=1;j\neq i}^{N}\dfrac{z_i - z_j}{|\boldsymbol{\rho}_i - \boldsymbol{\rho}_j|^3}q_i q_j \end{cases} \tag{3.10}$$

3. 深空(地-日平动点)

对于稳定的地-日平动点来说，引力合力作用互相抵消，则可令 $\mu_{gE} = 0$；另外，计算参考系(类似于地心惯性系 $o_E x_I y_I z_I$)选取为坐标原点位于地-日平动点的惯性系，则满足 $r_{CM} = 0$。将地-日平动点满足的条件代入式(3.7)，简化得到对应的相对运动平动动力学模型，其表达式为

$$\begin{cases} \ddot{x}_i - 2\dot{\theta}\dot{y}_i - \dot{\theta}^2 x_i = \dfrac{k_c}{m_i}\sum_{j=1;j\neq i}^{N}\dfrac{x_i - x_j}{|\boldsymbol{\rho}_i - \boldsymbol{\rho}_j|^3}q_i q_j \\[3mm] \ddot{y}_i + 2\dot{\theta}\dot{x}_i - \dot{\theta}^2 y_i = \dfrac{k_c}{m_i}\sum_{j=1;j\neq i}^{N}\dfrac{y_i - y_j}{|\boldsymbol{\rho}_i - \boldsymbol{\rho}_j|^3}q_i q_j \\[3mm] \ddot{z}_i = \dfrac{k_c}{m_i}\sum_{j=1;j\neq i}^{N}\dfrac{z_i - z_j}{|\boldsymbol{\rho}_i - \boldsymbol{\rho}_j|^3}q_i q_j \end{cases} \tag{3.11}$$

需要说明的是，式(3.11)中 $\dot{\theta}$ 为库仑航天器集群系统质心相对地-日平动点惯性坐标系的轨道角速度。

3.3 动力学特性分析

相对平衡态条件满足

$$\begin{cases} \dot{x}_i = \dot{y}_i = \dot{z}_i = 0 \\ \ddot{x}_i = \ddot{y}_i = \ddot{z}_i = 0 \end{cases} \tag{3.12}$$

将式(3.12)代入式(3.10)和式(3.11)，推导可得对应近地圆轨道、地-日平动点附近轨道库仑航天器集群的相对平衡态条件，其表达式为

$$\begin{cases} -3n^2 x_i = \dfrac{k_c}{m_i} \sum_{j=1; j\neq i}^{N} \dfrac{x_i - x_j}{|\boldsymbol{\rho}_i - \boldsymbol{\rho}_j|^3} q_i q_j \\ 0 = \dfrac{k_c}{m_i} \sum_{j=1; j\neq i}^{N} \dfrac{y_i - y_j}{|\boldsymbol{\rho}_i - \boldsymbol{\rho}_j|^3} q_i q_j \\ n^2 z_i = \dfrac{k_c}{m_i} \sum_{j=1; j\neq i}^{N} \dfrac{z_i - z_j}{|\boldsymbol{\rho}_i - \boldsymbol{\rho}_j|^3} q_i q_j \end{cases} \tag{3.13}$$

$$\begin{cases} -\dot{\theta}^2 x_i = \dfrac{k_c}{m_i} \sum_{j=1; j\neq i}^{N} \dfrac{x_i - x_j}{|\boldsymbol{\rho}_i - \boldsymbol{\rho}_j|^3} q_i q_j \\ -\dot{\theta}^2 y_i = \dfrac{k_c}{m_i} \sum_{j=1; j\neq i}^{N} \dfrac{y_i - y_j}{|\boldsymbol{\rho}_i - \boldsymbol{\rho}_j|^3} q_i q_j \\ 0 = \dfrac{k_c}{m_i} \sum_{j=1; j\neq i}^{N} \dfrac{z_i - z_j}{|\boldsymbol{\rho}_i - \boldsymbol{\rho}_j|^3} q_i q_j \end{cases} \tag{3.14}$$

进一步，基于星间可控库仑力作用也可实现航天器集群的不变构型调整，主要包括两类应用：构型整体缩小/放大、构型整体方向改变。以三库仑航天器集群为例，参考坐标系及相应构型参数如图 3.4 所示[7-9]。

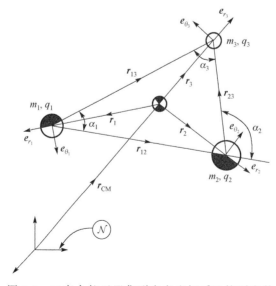

图 3.4　三库仑航天器集群参考坐标系及构型参数

图 3.4 中，$\mathcal{N}$ 表示地心惯性系；库仑航天器的地心距为 $r_i(i=1,2,3)$，所带电荷为 q_i，质量为 m_i；库仑航天器之间相对距离为 $r_{ij}(j=1,2,3;i<j)$；编队质心地心距为 r_{CM}；$e_{r_i}(i=1,2,3)$ 为库仑航天器 i 相对编队质心的距离方向；e_{θ_i} 为编队平面内库仑航天器 i 顺时针垂直于 e_{r_i} 的单位矢量；α_i 为 $r_{ij}(j=1,2,3;i<j)$ 与 $r_{ik}(k=1,2,3;i<k)$ 的夹角。

因此，不变构型的数学描述为

$$\frac{r_{12}(t)}{r_{12}(0)} = \frac{r_{13}(t)}{r_{13}(0)} = \frac{r_{23}(t)}{r_{23}(0)} = f(t) \tag{3.15}$$

式中，当 $t=0$ 时，满足 $f(0)=1$。

式 (3.15) 为以不同时刻相对距离之比作为依据定义的不变构型。进一步，也可以三库仑航天器质心连线形成三角形的 3 个内角不变性为依据定义不变构型，其表达式为

$$\frac{\alpha_1(t)}{\alpha_1(0)} = \frac{\alpha_2(t)}{\alpha_2(0)} = \frac{\alpha_3(t)}{\alpha_3(0)} = 1 \tag{3.16}$$

3.4　本章小结

本章阐述了电场力作用的航天器相对运动机理，给出了电场力在轨产生基础原理与作用力建模思路；采用拉格朗日方法，通过电场力作用航天器集群的总体动能及势能计算，详细推导了相应的动力学建模过程；在此基础上，给出了相对平衡态及不变构型条件等动力学特性的理论分析。

参 考 文 献

[1] Bennett T, Stevenson D, Hogan E, et al. Prospects and challenges of touchless space debris de-spinning using electrostatics[C]. Proceedings of the 3rd European Workshop on Space Debris Modelling and Remediation, 2014: 1-15.

[2] Schaub H, Sternovsky Z. Active space debris charging for contactless electrostatic disposal maneuvers[J]. Advances in Space Research, 2014, 43(1): 110-118.

[3] King L B, Parker G G, Deshmukh S, et al. A study of inter-spacecraft Coulomb forces and implications for formation flying[C]. Proceedings of the AIAA Conference, 2002: 1-14.

[4] Chong J H. Dynamic behavior of spacecraft formation flying using Coulomb forces[D]. Houghton: Michigan Technological University, 2002.

[5]　King L B, Parker G G, Deshmukh S, et al. Spacecraft formation-flying using inter-vehicle Coulomb forces[R]. Houghton: Michigan Technological University, 2002.

[6]　Calkin M G. Lagrangian and Hamiltonian Mechanics[M]. Singapore: World Scientific Publishing Press, 1998.

[7]　Vasavada H A. Four-craft virtual Coulomb structure analysis for 1 to 3 dimensional geometries[D]. Blacksburg: Virginia Polytechnic Institute and State University, 2007.

[8]　Hussein I I, Schaub H. Invariant shape solutions of the spinning three craft Coulomb tether problem[J]. Celestial Mechanics and Dynamical Astronomy, 2006, 96: 137-157.

[9]　Hussein I I, Schaub H. Stability and control of relative equilibria for the three-spacecraft Coulomb tether problem[J]. Acta Astronautica, 2009, 65: 738-754.

第4章 磁场力作用的航天器相对运动机理

针对星间磁场力作用的航天器相对运动，本章阐述具体的动力学建模及详细的动力学特性分析，给出后续章节控制设计所需利用的对象属性。

4.1 磁场力在轨产生机理与模型

4.1.1 磁场力在轨产生机理

星间磁场力在轨产生机理见图 4.1：航天器装载电磁装置（一般为多匝电磁线圈），电磁装置通电产生电磁场，电磁场之间相互作用产生电磁力/力矩；通过调节线圈电流大小与方向，生成期望的电磁力/力矩用于控制航天器之间相对位置/姿态。

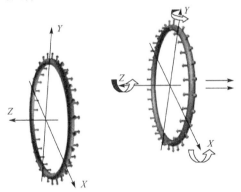

图 4.1　星间磁场力在轨产生机理

为增大作用空间，一般考虑采用超导材料研制电磁装置，这种装置称为超导电磁装置。超导电磁装置一般由电磁线圈、低温热控系统、大电流/低电压电源等几部分组成。

超导电磁装置对环境温度要求较高，一般要求低于 77K，在此温度下才能保持超导特性[1]：线圈电阻为 0，导线可通较大电流（目前已可达 100A 以上）；热阻微小，几乎无因热量耗散导致的功耗损失。因此，需为超导电磁装置配备低温热控系统，目前研究及使用较多的系统包括热管（图 4.2）、制冷机（图 4.3）等[2-4]。

另外，星间超导电磁装置设计需综合考虑多方面因素，包括系统质量、体积、功耗、电磁屏蔽、超导带材可通过的最大电流密度等。假定超导带材可通过的最

大电流密度为 J 、带材横截面积为 A 、体积密度为 ρ ，电磁装置的线圈匝数为 n 、半径为 R ，则线圈电流 i 及电磁装置质量 M 计算公式为

$$\begin{cases} i = JA \\ M = 2n\pi RA\rho \end{cases} \tag{4.1}$$

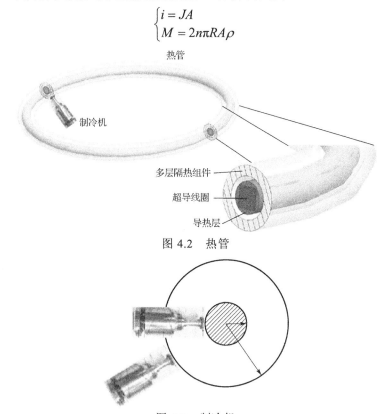

图 4.2　热管

图 4.3　制冷机

考虑两电磁装置(分别命名为 1、2)正对、相距为 d ；基于式(4.1)及采用毕奥-萨伐尔定律，两电磁线圈产生的一维电磁力计算公式为

$$F = \frac{3}{8\pi d^4} \mu_0 \left(\frac{J}{\rho}\right)^2 M_1 R_1 M_2 R_2 \xlongequal{1=2} \frac{3}{8\pi d^4} \mu_0 \left(\frac{J}{\rho}\right)^2 M^2 R^2 \tag{4.2}$$

由式(4.2)分析可知，存在 3 类参数影响星间磁场力数值及操控效率：①第一类为超导带材固有特性参数，由 J/ρ 表征，由超导带材的研制技术水平决定，为不可设计变量；②第二类为超导电磁装置设计参数，由 MR 表征，受任务需求、装置尺寸、功耗等约束，为可设计变量；③第三类为任务参数，由 d 表征，受任务需求约束，为可设计变量。因此，对于基于磁场力作用的星间相对运动操控而言，可通过对第二、三类参数设计达到任务控制需求，其为一个耦合迭代过程。另外，需要注意的是，第三类任务参数 d 最敏感，其与电磁力之间近似呈 4 次方反比关系，设计过程需要重点关注。

4.1.2　星间磁场力模型与应用分析

给定两超导电磁线圈空间几何关系如图 4.4 所示：(O_1, O_2) 为线圈中心，$(\mathrm{d}l_1, \mathrm{d}l_2)$ 为线圈导线矢量单元(箭头表示对应单元方向)，$(\boldsymbol{\rho}_1, \boldsymbol{\rho}_2)$ 为对应线圈中心到导线单元的相对距离矢量，(i_1, i_2) 为对应线圈电流，$\boldsymbol{d}$、$\boldsymbol{r}$、$\boldsymbol{s}$ 分别为 O_1 到 O_2、$\mathrm{d}l_1$ 到 $\mathrm{d}l_2$、O_1 到 $\mathrm{d}l_2$ 的相对距离矢量。

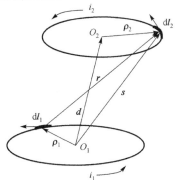

图 4.4　两超导电磁线圈空间几何关系

以 $\boldsymbol{A}$、$\boldsymbol{B}$、$\boldsymbol{F}$、$\boldsymbol{\tau}$ 分别表征磁矢势、磁感应强度、磁力及磁力矩矢量，$\boldsymbol{J}$ 表征电流密度，基于此分别进行近场电磁力/力矩模型和远场电磁力/力矩模型推导，具体推导流程如图 4.5 和图 4.6 所示。

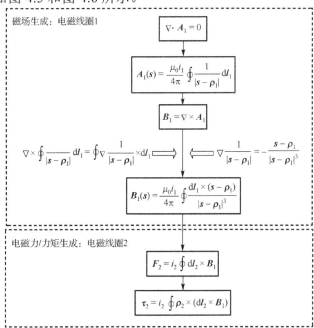

图 4.5　近场电磁力/力矩模型推导流程

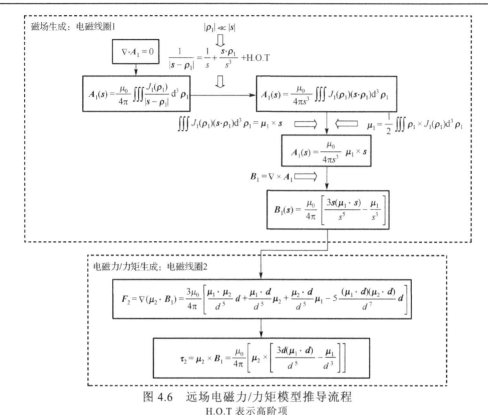

图 4.6　远场电磁力/力矩模型推导流程

H.O.T 表示高阶项

需要说明的是，图 4.5 的推导采用了磁场的如下基本特性。

(1) 磁场为有旋度、无散度场：磁感线闭合、磁感应强度的散度恒为零，满足 $\nabla \cdot \boldsymbol{B} = 0$，即 $\dfrac{\partial B_x}{\partial x} + \dfrac{\partial B_y}{\partial y} + \dfrac{\partial B_z}{\partial z} = 0$。

(2) 磁矢势：描述磁场的矢量，为较好地描述磁感应强度矢量的散度特性（$\nabla \cdot \boldsymbol{B} = 0$）而引入；根据矢量分析特性，满足散度为 0 的磁感应强度矢量可用 $\nabla \times \boldsymbol{A}$ 表征，矢量 $\boldsymbol{A}$ 即磁矢势；磁矢势沿任意闭合曲线的环量代表以该曲线为周界的任一曲面的磁通，即 $\oint_l \boldsymbol{A} \cdot \mathrm{d}\boldsymbol{l} = \iint_S \boldsymbol{B} \cdot \mathrm{d}\boldsymbol{s}$。

还需要说明的是，图 4.6 中，$\dfrac{1}{|\boldsymbol{s} - \boldsymbol{\rho}_1|}$ 的简化计算采用了泰勒级数展开公式，仅取一阶展开项，其基本形式为

$$f(x) = \sum_{k=0}^{n} \frac{f^{(k)}(x_0)}{k!}(x - x_0)^k + \frac{f^{(n+1)}(\xi)}{(n+1)!}(x - x_0)^{n+1}$$

式中，ξ 在 x 与 x_0 之间。则根据 $f(x) = (1+x)^\alpha$（α 为实数，$x > -1$）的带拉格朗日余项的 n 阶泰勒级数展开式：

$$(1+x)^{\alpha} = 1 + \sum_{k=1}^{n} \frac{\alpha(\alpha-1)\cdots(\alpha-k+1)}{k!} x^{k} + \frac{\alpha(\alpha-1)\cdots(\alpha-n)(1+\theta x)^{\alpha-n-1}}{(n+1)!} x^{n+1} \quad (4.3)$$

可推导 $\dfrac{1}{|s-\rho_1|}$ 带拉格朗日余项的 2 阶泰勒级数展开式：

$$
\begin{aligned}
\frac{1}{|s-\rho_1|} &= \frac{1}{[(s-\rho_1)\cdot(s-\rho_1)]^{1/2}} \\
&= \frac{1}{s\left[1 - 2\dfrac{s\cdot\rho_1}{s^2} + \left(\dfrac{\rho_1}{s}\right)^2\right]} \\
&\stackrel{|s|>>|\rho_1|}{\approx} \frac{1}{s\left(1 - 2\dfrac{s\cdot\rho_1}{s^2}\right)^{-1/2}} \\
&\stackrel{|s|>>|\rho_1|}{\approx} \frac{1}{s} + \frac{s\cdot\rho_1}{s^3} + \frac{3}{2}\frac{(s\cdot\rho_1)^2}{s^5} + \frac{5}{2}\frac{(s\cdot\rho_1)^3}{s^7}\left[1 - \frac{2(s\cdot\rho_1)}{s^2}\theta\right]^{-7/2}
\end{aligned}
\quad (4.4)
$$

式中，$0 < \theta < 1$。

如图 4.6 所示，将航天器电磁装置当作磁偶极子，两磁偶极子之间作用的电磁力/力矩模型为(为便于表述，此处将 d 以 r_{12} 表征)

$$
\begin{cases}
F_{12} = -\dfrac{3\mu_0}{4\pi}\left[\dfrac{\mu_1\cdot\mu_2}{r_{12}^5}r_{12} + \dfrac{\mu_1\cdot r_{12}}{r_{12}^5}\mu_2 + \dfrac{\mu_2\cdot r_{12}}{r_{12}^5}\mu_1 - 5\dfrac{(\mu_1\cdot r_{12})(\mu_2\cdot r_{12})}{r_{12}^7}r_{12}\right] \\
\tau_{12} = \dfrac{\mu_0}{4\pi}\mu_1\times\left[\dfrac{3r_{12}(\mu_2\cdot r_{12})}{r_{12}^5} - \dfrac{\mu_2}{r_{12}^3}\right]
\end{cases}
\quad (4.5)
$$

式中，下标 1、2 分别代表电磁偶极子 1 和 2；r_{12} 为两电磁装置之间的相对距离矢量，由电磁偶极子 1 指向电磁偶极子 2；μ 为磁偶极子磁矩。

进一步分析可知，远场电磁力/力矩模型的误差具有如下特性。

(1)乘性误差特性，即模型误差可表示为远场电磁力/力矩模型与误差项的乘积。

(2)误差项为电磁线圈相对距离、相对姿态的非线性函数。

因此，近场电磁力模型可表示为

$$F_{EM}^{Near\text{-}field} = F_{EM}^{Far\text{-}field}[1 + \Delta(d, \rho_1, \rho_2)] \quad (4.6)$$

式中，$\Delta(\cdot)$ 为远场电磁力模型误差项。

以上给出了远/近场电磁力/力矩模型(简称远/近场模型)推导及其特性的理论分析。进一步，通过 3 个仿真算例直观对比分析远场模型相较近场模型误差与相对距离、线圈电流、线圈姿态之间的关系。

1. 仿真算例 1(模型相对误差与相对距离的关系)

仿真参数：两电磁线圈正对；线圈半径为 0.15m、电流为 1A、匝数为 1000；

相对距离从 0.05～2m 变化, 步长为 0.05m。如图 4.7 所示, 随着相对距离的减小, 远场模型相较近场模型的误差非线性急剧增大。

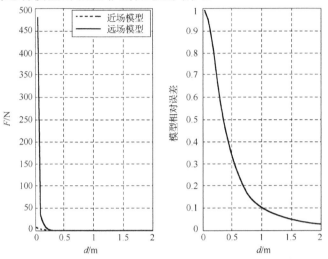

(a) 远/近场电磁力与相对距离变化关系   (b) 模型相对误差与相对距离的变化关系

图 4.7   远/近场电磁力模型相对误差与相对距离关系

2. 仿真算例 2(模型相对误差与线圈电流关系)

仿真参数选取与仿真算例 1 基本一致, 仅有如下参数改动: 相对距离固定为 1m, 线圈电流从 0.1～2A 变化, 步长为 0.1A。如图 4.8 所示, 线圈电流变化对远场模型误差无影响。该结论也可从理论推导得出: 线圈电流可从 A_1 的积分项中分离出来, 远/近场模型相除直接抵消。

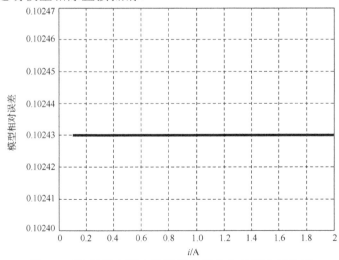

图 4.8   远/近场电磁力模型相对误差与线圈电流关系

3. 仿真算例 3(模型相对误差与线圈姿态关系)

仿真参数选取与仿真算例 1 基本一致,仅有如下参数改动:相对距离分别固定为 1m 和 0.15m,线圈姿态 β 从 $90°\sim0°$ 变化,步长为 $9/\pi°$。如图 4.9 和图 4.10 所示,线圈姿态对电磁力远场模型偏差有影响,该影响幅值随相对距离的减小而增大。

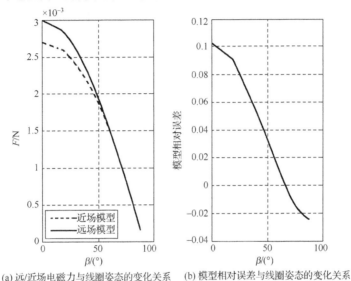

(a) 远/近场电磁力与线圈姿态的变化关系   (b) 模型相对误差与线圈姿态的变化关系

图 4.9   远/近场电磁力模型相对误差与线圈姿态关系($d = 1$m)

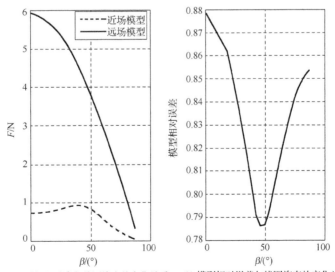

(a) 远/近场电磁力与线圈姿态的变化关系   (b) 模型相对误差与线圈姿态的变化关系

图 4.10   远/近场电磁力模型相对误差与线圈姿态关系($d = 0.15$m)

4.2　动力学建模

基于第 2 章已有研究,建立动力学建模参考坐标系及状态变量如图 4.11 所示。考虑质心参考系 $O_{CM}x_{CM}y_{CM}z_{CM}$ 满足一般轨道运动规律,为便于考虑地球引力摄动项及地球磁场作用项,采用拉格朗日方程建立磁场力作用集群系统的动力学模型,建模关键在于求解系统总势能与总动能。

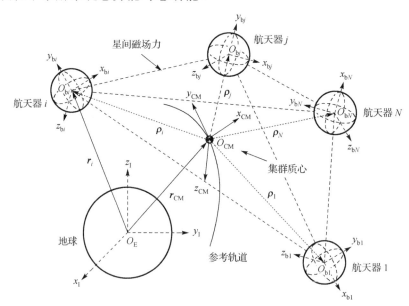

图 4.11　磁场力作用集群建模参考坐标系及状态变量

4.2.1　地心惯性系下电磁航天器轨道动力学模型

地心惯性系(ECI):原点位于地心,x 轴指向春分点,z 轴垂直于赤道面指向北极,y 轴由右手定则确定。ECI 系中,对于 N 颗电磁航天器集群系统,航天器 i 的位置矢量 $\boldsymbol{r}_i$ 可表示为

$$\boldsymbol{r}_i = X_i\hat{\boldsymbol{i}} + Y_i\hat{\boldsymbol{j}} + Z_i\hat{\boldsymbol{k}} \tag{4.7}$$

式中,$(\hat{\boldsymbol{i}},\hat{\boldsymbol{j}},\hat{\boldsymbol{k}})$ 为 ECI 系三坐标轴的单位矢量。

1.　电磁航天器的平动动能

电磁航天器 i 的平动动能 T_i:

$$T_i = \frac{1}{2} m_i \dot{\boldsymbol{r}}_i^{\mathrm{T}} \dot{\boldsymbol{r}}_i \tag{4.8}$$

式中，m_i 为航天器 i 的质量；$\dot{\boldsymbol{r}}_i = [\dot{X}_i \quad \dot{Y}_i \quad \dot{Z}_i]^{\mathrm{T}}$ 为航天器 i 在 ECI 系的速度矢量。

2. 电磁航天器的地球引力势能

考虑地球非球形影响(仅考虑带谐项，忽略田谐项及扇谐项)，则电磁航天器 i 的地球引力场势能 V_i^{g} 为

$$V_i^{\mathrm{g}}(\boldsymbol{r}_i, \phi) = -\frac{\mu_{\mathrm{gE}} m_i}{r_i} \left[1 - \sum_{k=2}^{\infty} J_k \left(\frac{R_{\mathrm{E}}}{r_i} \right)^k P_k(\cos\phi) \right] \tag{4.9}$$

式中，$\mu_{\mathrm{gE}} \approx 3.9860044 \times 10^{14} \ (\mathrm{m}^3/\mathrm{s}^2)$ 为地球引力常数；R_{E} 为地球半径；J_k 为 k 阶带谐项系数；P_k 为第一类勒让德多项式；ϕ 为余纬，满足 $\cos\phi = Z_i / r_i$。

地球带谐项摄动中，J_2 项影响最显著(其对应系数比后续系数大两个数量级以上)，仅考虑 J_2 项摄动的电磁航天器 i 引力势能为

$$V_i^{\mathrm{g}}(\boldsymbol{r}_i) = -\frac{\mu_{\mathrm{gE}} m_i}{r_i} \left\{ 1 - J_2 \left(\frac{R_{\mathrm{E}}}{r_i} \right)^2 \left[3 \left(\frac{Z_i}{r_i} \right)^2 - 1 \right] \right\} \tag{4.10}$$

3. 电磁航天器的磁势能

电磁航天器的磁势能包括两部分：星间电磁势能与地磁势能。对于集群电磁航天器系统，航天器 i 受其他电磁航天器的磁场作用而具备星间电磁势能。电磁航天器 i 受电磁航天器 j 作用产生的电磁势能为

$$V_{ij}^{\mathrm{m}}(\boldsymbol{r}_i, \boldsymbol{r}_j) = -\boldsymbol{\mu}_i \cdot \boldsymbol{B}_{ij}(\boldsymbol{\rho}_{ij}) \tag{4.11}$$

式中，$\boldsymbol{\mu}_i$ 为航天器 i 磁矩；$\boldsymbol{B}_{ij}$ 为航天器 j 产生的磁场在航天器 i 处的强度；$\boldsymbol{\rho}_{ij}$ 为航天器 j 指向航天器 i 的相距距离矢量。

N 颗集群电磁航天器系统中，航天器 i 受其他航天器影响而产生的电磁势能 $V_i^{\mathrm{m}}(\boldsymbol{r}_1, \boldsymbol{r}_2, \cdots, \boldsymbol{r}_N)$ 为

$$V_i^{\mathrm{m}}(\boldsymbol{r}_1, \boldsymbol{r}_2, \cdots, \boldsymbol{r}_N) = -\boldsymbol{\mu}_i \cdot \left(\sum_{j=1; j \neq i}^{N} \boldsymbol{B}_{ij}(\boldsymbol{r}_{ij}) \right) \tag{4.12}$$

另外，航天器 i 的地磁势能 $V_i^{\mathrm{mE}}(\boldsymbol{r}_i)$ 为

$$V_i^{\mathrm{mE}}(\boldsymbol{r}_i) = -\boldsymbol{\mu}_i \cdot \boldsymbol{B}_{\mathrm{E}}(\boldsymbol{r}_i) \tag{4.13}$$

式中，$\boldsymbol{B}_{\mathrm{E}}$ 为航天器 i 处的地磁场强度。

4. 电磁航天器的绝对轨道动力学方程

定义航天器 i 的广义坐标为 $\boldsymbol{q}_i = [X_i \ \ Y_i \ \ Z_i]^{\mathrm{T}}$，则集群电磁航天器系统的广义坐标为 $\boldsymbol{q} = [\boldsymbol{q}_1, \boldsymbol{q}_2, \cdots, \boldsymbol{q}_N]^{\mathrm{T}}$，$Q$ 为作用于系统的广义力，系统拉格朗日函数 $L(\boldsymbol{q}, \dot{\boldsymbol{q}})$ 为

$$L(\boldsymbol{q}, \dot{\boldsymbol{q}}) = \sum_{i=1}^{N} T_i(\dot{\boldsymbol{q}}_i) - \sum_{i=1}^{N} (V_i^{\mathrm{g}}(\boldsymbol{q}_i) + V_i^{\mathrm{mE}}(\boldsymbol{q}_i)) - \sum_{i=1}^{N-1} \sum_{j=i+1}^{N} V_{ij}^{\mathrm{m}}(\boldsymbol{q}_{ij}) \tag{4.14}$$

定义运算 $L_q = \dfrac{\partial L}{\partial \boldsymbol{q}}$ 及 $L_{\dot{q}} = \dfrac{\partial L}{\partial \dot{\boldsymbol{q}}}$，则集群电磁航天器系统的拉格朗日方程为

$$\frac{\mathrm{d}}{\mathrm{d}t}(L_{\dot{q}}) - L_q = Q \tag{4.15}$$

对应地，航天器 i 的拉格朗日方程为

$$\frac{\mathrm{d}}{\mathrm{d}t}(L_{\dot{q}_i}^i) - L_{q_i}^i = Q_i \tag{4.16}$$

展开式(4.16)，可得航天器 i 在 ECI 系中的绝对轨道动力学方程：

$$\begin{cases} m_i \ddot{X}_i - \dfrac{\partial}{\partial X_i}(V_i^{\mathrm{g}} + V_i^{\mathrm{m}} + V_i^{\mathrm{mE}}) = Q_{iX} \\[2mm] m_i \ddot{Y}_i - \dfrac{\partial}{\partial Y_i}(V_i^{\mathrm{g}} + V_i^{\mathrm{m}} + V_i^{\mathrm{mE}}) = Q_{iY} \\[2mm] m_i \ddot{Z}_i - \dfrac{\partial}{\partial Z_i}(V_i^{\mathrm{g}} + V_i^{\mathrm{m}} + V_i^{\mathrm{mE}}) = Q_{iZ} \end{cases} \tag{4.17}$$

ECI 系中航天器 i 引力势能的梯度为

$$\frac{\partial V_i^{\mathrm{g}}}{\partial \boldsymbol{q}_i} = -\frac{\mu_{\mathrm{gE}} m_i}{r_i^3}\begin{bmatrix} X_i \\ Y_i \\ Z_i \end{bmatrix} + \frac{3\mu_{\mathrm{gE}} R_{\mathrm{E}}^2 J_2 m_i}{2r_i^7}\begin{bmatrix} X_i(5Z_i^2 - r_i^2) \\ Y_i(5Z_i^2 - r_i^2) \\ Z_i(5Z_i^2 - 3r_i^2) \end{bmatrix} \tag{4.18}$$

由星间电磁势能 $V_i^{\mathrm{m}}(\boldsymbol{q}_1, \boldsymbol{q}_2, \cdots, \boldsymbol{q}_N)$ 推导可得其梯度为

$$\begin{aligned} \frac{\partial}{\partial \boldsymbol{q}_i}[V_i^{\mathrm{m}}(\boldsymbol{q}_1, \boldsymbol{q}_2, \cdots, \boldsymbol{q}_N)] &= -\boldsymbol{\mu}_i \cdot \frac{\partial}{\partial \boldsymbol{q}_i}\left(\sum_{j=1; j\neq i}^{N} \boldsymbol{B}_j(\boldsymbol{\rho}_{ij})\right) \\ &= \frac{3\mu_0}{4\pi}\left[-\frac{\boldsymbol{\mu}_i \cdot \boldsymbol{\mu}_j}{\rho_{ij}^5}\boldsymbol{\rho}_{ij} - \frac{\boldsymbol{\mu}_i \cdot \boldsymbol{\rho}_{ij}}{\rho_{ij}^5}\boldsymbol{\mu}_j - \frac{\boldsymbol{\mu}_j \cdot \boldsymbol{\rho}_{ij}}{\rho_{ij}^5}\boldsymbol{\mu}_i + 5\frac{(\boldsymbol{\mu}_i \cdot \boldsymbol{\rho}_{ij})(\boldsymbol{\mu}_j \cdot \boldsymbol{\rho}_{ij})}{\rho_{ij}^7}\boldsymbol{\rho}_{ij}\right] \end{aligned} \tag{4.19}$$

将星间电磁力投影到电磁力/力矩计算参考系 $O_{\mathrm{CM}} x_{\mathrm{EM}} y_{\mathrm{EM}} z_{\mathrm{EM}}$，式(4.19)进一步简化为

$$\frac{\partial}{\partial \boldsymbol{q}_i}[V_i^{\mathrm{m}}(\boldsymbol{q}_1, \boldsymbol{q}_2, \cdots, \boldsymbol{q}_N)] = \frac{3\mu_0}{4\pi\rho_{ij}^4} \begin{bmatrix} 2\mu_{ix}\mu_{jx} - \mu_{iy}\mu_{jy} - \mu_{iz}\mu_{jz} \\ -\mu_{ix}\mu_{jy} - \mu_{iy}\mu_{jx} \\ -\mu_{ix}\mu_{jz} - \mu_{iz}\mu_{jx} \end{bmatrix} \quad (4.20)$$

式中，$\boldsymbol{\mu}_k = [\mu_{kx} \quad \mu_{ky} \quad \mu_{kz}]^{\mathrm{T}} (k \in \{i, j\})$ 为磁偶极子磁矩在 $O_{\mathrm{CM}} x_{\mathrm{EM}} y_{\mathrm{EM}} z_{\mathrm{EM}}$ 坐标系的投影分量。

将如上梯度表达式代入轨道动力学方程中可得航天器 i 在 ECI 系的绝对轨道动力学方程为

$$\begin{cases} m_i X_i + \dfrac{\mu_{\mathrm{gE}} m_i X_i}{r_i^3} + \dfrac{3\mu_{\mathrm{gE}} R_{\mathrm{E}}^2 J_2 m_i X_i}{2r_i^7}(r_i^2 - 5Z_i^2) = {}^{\mathrm{ECI}}F_{ix}^{\mathrm{m}}\left(\boldsymbol{q}_1, \boldsymbol{q}_2, \cdots, \boldsymbol{q}_N; \boldsymbol{\mu}_1, \boldsymbol{\mu}_2, \cdots, \boldsymbol{\mu}_N\right) \\[2mm] m_i Y_i + \dfrac{\mu_{\mathrm{gE}} m_i Y_i}{r_i^3} + \dfrac{3\mu_{\mathrm{gE}} R_{\mathrm{E}}^2 J_2 m_i Y_i}{2r_i^7}(r_i^2 - 5Z_i^2) = {}^{\mathrm{ECI}}F_{iy}^{\mathrm{m}}\left(\boldsymbol{q}_1, \boldsymbol{q}_2, \cdots, \boldsymbol{q}_N; \boldsymbol{\mu}_1, \boldsymbol{\mu}_2, \cdots, \boldsymbol{\mu}_N\right) \\[2mm] m_i Z_i + \dfrac{\mu_{\mathrm{gE}} m_i Z_i}{r_i^3} + \dfrac{3\mu_{\mathrm{gE}} R_{\mathrm{E}}^2 J_2 m_i Z_i}{2r_i^7}(3r_i^2 - 5Z_i^2) = {}^{\mathrm{ECI}}F_{iz}^{\mathrm{m}}\left(\boldsymbol{q}_1, \boldsymbol{q}_2, \cdots, \boldsymbol{q}_N; \boldsymbol{\mu}_1, \boldsymbol{\mu}_2, \cdots, \boldsymbol{\mu}_N\right) \end{cases} \quad (4.21)$$

式中，${}^{\mathrm{ECI}}F_i^{\mathrm{m}}$ 为星间电磁力在 ECI 系的投影。

4.2.2　相对运动动力学模型

进一步，忽略 J_2 项摄动，由式 (4.21) 可得航天器 i 和航天器 j 在 ECI 系的动力学方程为

$$m_i \ddot{\boldsymbol{r}}_i + \frac{\mu_{\mathrm{gE}} m_i \boldsymbol{r}_i}{r_i^3} = \boldsymbol{F}_i^{\mathrm{m}} \quad (4.22)$$

$$m_j \ddot{\boldsymbol{r}}_j + \frac{\mu_{\mathrm{gE}} m_j \boldsymbol{r}_j}{r_j^3} = \boldsymbol{F}_j^{\mathrm{m}} \quad (4.23)$$

则 ECI 系下航天器 i 相对于航天器 j 的平动运动动力学方程可直接采用式 (4.22) 减去式 (4.23)，得

$$\ddot{\boldsymbol{\rho}}_{ij} + \frac{\mu_{\mathrm{gE}}(\boldsymbol{r}_j + \boldsymbol{\rho}_{ij})}{\left\| \boldsymbol{r}_j + \boldsymbol{\rho}_{ij} \right\|^3} - \frac{\mu_{\mathrm{gE}} \boldsymbol{r}_j}{r_j^3} = \frac{\boldsymbol{F}_i^{\mathrm{m}}}{m_i} - \frac{\boldsymbol{F}_j^{\mathrm{m}}}{m_j} \quad (4.24)$$

设定集群电磁航天器系统质心运行于圆轨道，则质心运动轨道角速度 $\boldsymbol{n}$ 满足

$$\boldsymbol{n} = n_{\mathrm{CM}} \hat{\boldsymbol{k}} \quad (4.25)$$

代入绝对导数与相对导数的关系式：

$$\frac{\mathrm{d}^2 \boldsymbol{\rho}}{\mathrm{d}t^2} = \frac{\delta^2 \boldsymbol{\rho}}{\delta t^2} + \frac{\delta \boldsymbol{n}}{\delta t} \times \boldsymbol{\rho} + 2\boldsymbol{n} \times \frac{\delta \boldsymbol{\rho}}{\delta t} + \boldsymbol{n} \times (\boldsymbol{n} \times \boldsymbol{\rho}) \quad (4.26)$$

可得集群系统质心 Hill 系下，航天器 i 相对航天器 j 的平动运动动力学方程为

$$\begin{cases} \ddot{x}_{ij} - 2n_{\mathrm{CM}}\dot{y}_{ij} - n_{\mathrm{CM}}^2 x_{ij} + \dfrac{\mu_{\mathrm{gE}} x_{ij}}{r_i^3} = f_{ix}^{\mathrm{m}} - f_{jx}^{\mathrm{m}} \\[3mm] \ddot{y}_{ij} + 2n_{\mathrm{CM}}\dot{x}_{ij} - n_{\mathrm{CM}}^2 y_{ij} + \dfrac{\mu_{\mathrm{gE}}(r_j + y_{ij})}{r_i^3} - \dfrac{\mu_{\mathrm{gE}}}{r_j^2} = f_{iy}^{\mathrm{m}} - f_{jy}^{\mathrm{m}} \\[3mm] \ddot{z}_{ij} + \dfrac{\mu_{\mathrm{gE}} z_{ij}}{r_i^3} = f_{iz}^{\mathrm{m}} - f_{jz}^{\mathrm{m}} \end{cases} \tag{4.27}$$

4.2.3　坐标系转换矩阵

1. ECI 系与电磁航天器集群系统质心 Hill 系

要采用式(4.27)研究星间电磁力作用的航天器间相对运动，需将所有矢量转换到集群电磁航天器系统质心 Hill 系：原点位于系统质心，y_{CM} 轴与系统质心位置矢量 $\boldsymbol{r}_{\mathrm{CM}}$ 重合(由地心指向系统质心)，x_{CM} 轴在质心轨道平面内与 y_{EM} 轴垂直(与运动方向相反)，z_{CM} 轴垂直于轨道面，与 $(x_{\mathrm{CM}}, y_{\mathrm{CM}})$ 构成右手坐标系，如图 4.12 所示。

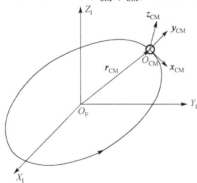

图 4.12　ECI 系与电磁航天器集群系统 CM 的 Hill 系

ECI 系下，系统质心的位置矢量 $\boldsymbol{r}_{\mathrm{CM}}$ 为

$$\boldsymbol{r}_{\mathrm{CM}} = \frac{\displaystyle\sum_{i=1}^{N} m_i \boldsymbol{r}_i}{\displaystyle\sum_{i=1}^{N} m_i} \tag{4.28}$$

系统质心的速度矢量 $\dot{\boldsymbol{r}}_{\mathrm{CM}}$ 为

$$\dot{\boldsymbol{r}}_{\mathrm{CM}} = \frac{\displaystyle\sum_{i=1}^{N} m_i \dot{\boldsymbol{r}}_i}{\displaystyle\sum_{i=1}^{N} m_i} \tag{4.29}$$

则 ECI 系中，相对坐标系三坐标轴的单位矢量 $\hat{x}_{CM}$、$\hat{y}_{CM}$、$\hat{z}_{CM}$ 为

$$\hat{y}_{CM} = \frac{r_{CM}}{|r_{CM}|}, \quad \hat{x}_{CM} = -\frac{\dot{r}_{CM}}{|\dot{r}_{CM}|}, \quad \hat{z}_{CM} = \hat{x}_{CM} \times \hat{y}_{CM} \tag{4.30}$$

$\hat{x}_{CM}$、$\hat{y}_{CM}$、$\hat{z}_{CM}$ 在 Hill 系的坐标表示为

$$\hat{x}_{CM} = [1 \quad 0 \quad 0]^{T}, \quad \hat{y}_{CM} = [0 \quad 1 \quad 0]^{T}, \quad \hat{z}_{CM} = [0 \quad 0 \quad 1]^{T} \tag{4.31}$$

记从 Hill 系到 ECI 系的转换矩阵为 $^{ECI}T^{CM}$，由式 (4.30) 及式 (4.31) 推导可得

$$\frac{r_{CM}}{|r_{CM}|} = {}^{ECI}T^{CM} \begin{bmatrix} 0 \\ 1 \\ 0 \end{bmatrix}, \quad \frac{\dot{r}_{CM}}{|\dot{r}_{CM}|} = -{}^{ECI}T^{CM} \begin{bmatrix} 1 \\ 0 \\ 0 \end{bmatrix}, \quad \hat{x}_{CM} \times \hat{y}_{CM} = {}^{ECI}T^{CM} \begin{bmatrix} 0 \\ 0 \\ 1 \end{bmatrix} \tag{4.32}$$

因此，可基此求得转换矩阵 $^{ECI}T^{CM}$，对其求逆或转置得到从 ECI 系到 CM 处 Hill 系的转换矩阵 $^{CM}T^{ECI}$。

2. ECI 系与电磁力/力矩计算参考系

已知 r_i 和 r_j 在 ECI 系的投影，则 ρ_{ij} 在 ECI 系的投影可直接得到，定义为 $\rho_{ij} = [\rho_{ijx} \quad \rho_{ijy} \quad \rho_{ijz}]^{T}$。则 ρ_{ij} 在 $O_E X_I Y_I$ 平面的投影分量与 $O_E X_I$ 的夹角 ψ 以及 ρ_{ij} 与 $O_E X_I Y_I$ 平面夹角 θ 可计算为

$$\psi = \arctan(r_{ijx} / r_{ijy}) \tag{4.33}$$

$$\theta = \arcsin(r_{ijz} / |r_{ij}|) \tag{4.34}$$

ECI 系到电磁力/力矩计算参考系的旋转为：ECI 系首先绕其 z 轴旋转角度 ψ，再绕新坐标系的 y 轴旋转角度 θ，可得到电磁力/力矩计算参考系。则从 ECI 系到电磁力/力矩计算参考系的转换矩阵 $^{EM}T^{ECI}$ 为

$$^{EM}T^{ECI} = \begin{bmatrix} \cos\theta & 0 & -\sin\theta \\ 0 & 1 & 0 \\ \sin\theta & 0 & \cos\theta \end{bmatrix} \begin{bmatrix} \cos\psi & \sin\psi & 0 \\ -\sin\psi & \cos\psi & 0 \\ 0 & 0 & 1 \end{bmatrix} \tag{4.35}$$

4.3　动力学特性分析

4.3.1　控制能力

根据航天器在轨任务类型的不同，其任务效率定义不一致。对于星间磁场力

操控任务而言,集群航天器系统绕其质心旋转角速度 ω 与集群航天器系统质量 m_t 之比 $J = \dfrac{\omega}{km_t}$ (k 为调节参数,用于分离出电磁集群航天器系统物性特征,一般取为 $k = \sqrt{\dfrac{3\mu_0\pi}{d^5}}$)可用于表征其任务效率:$J$ 越大,说明电磁集群航天器系统任务效率越高[2]。

对于两颗电磁航天器(电磁线圈正对,物性参数一致,$m_t = 2m_s$,m_s 为单颗航天器质量)操控任务而言,星间电磁力提供向心力需求,J_2 计算为

$$\frac{3}{2}\mu_0\pi\frac{N^2 i^2 R^4}{d^4} = \frac{1}{2}m_s\omega^2 d \Rightarrow \omega = \sqrt{\frac{3\mu_0\pi}{d^5}}\frac{NiR^2}{m_s^{1/2}} \Rightarrow J_2 = \frac{NiR^2}{2m_s^{3/2}} \tag{4.36}$$

式中,N 为电磁线圈绕线匝数,i 为线圈电流,R 为线圈半径。

对于三颗电磁航天器(物性参数一致,$m_t = 3m_s$)操控任务而言,J_3 计算为

$$\frac{3}{2}\mu_0\pi\frac{17N^2 i^2 R^4}{d^4} = \frac{1}{2}m_s\omega^2 d \Rightarrow \omega = \sqrt{\frac{3\mu_0\pi}{d^5}}\frac{\sqrt{17}NiR^2}{m_s^{1/2}} \Rightarrow J_3 = \frac{\sqrt{17}}{3}\frac{NiR^2}{m_s^{3/2}} \tag{4.37}$$

进一步,对于 L 颗电磁航天器(物性参数一致,$m_t = Lm_s$)操控任务而言,J_L 计算为

$$J_L = \frac{\sqrt{\sum_{j=1}^{L-1}\left(\dfrac{L-1}{j}\right)^4}}{L}\frac{NiR^2}{m_s^{3/2}} \tag{4.38}$$

L 颗相较 $L-1$ 颗电磁航天器的操控效率比计算为

$$\frac{J_L}{J_{L-1}} = \frac{L-1}{L}\frac{\sqrt{\sum_{i=1}^{L-1}\left(\dfrac{L-1}{i}\right)^4}}{\sqrt{\sum_{i=1}^{L-2}\left(\dfrac{L-2}{i}\right)^4}} = \frac{(L-1)^3}{L(L-2)^2}\sqrt{1+\frac{1}{(L-1)^4\sum_{i=1}^{L-2}\dfrac{1}{i^4}}}, \quad L>2 \tag{4.39}$$

由式(4.39)分析可知,随着电磁航天器(物性参数一致)数量增加,任务效率增加比 J_L/J_{L-1} 逐渐减小,直至趋近于 1。

4.3.2 自对接特性

自对接特性定义为航天器间相对距离 d 自主减小至物理接触状态。对于磁场力作用的航天器相对运动而言,定义磁矩矢量如图 4.13 所示,对应极坐标表示的远场电磁力/力矩模型为

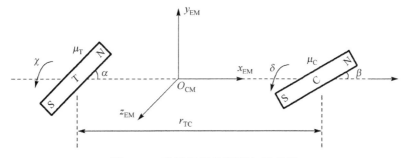

图 4.13　磁偶极子的磁矩矢量表征

$$\begin{cases} F_{TxEM} = 3\mu_0\mu_T\mu_C / (4\pi r_{TC}^4) \cdot (2\cos\alpha\cos\beta - \cos(\delta-\chi)\sin\alpha\sin\beta) \\ F_{TyEM} = -3\mu_0\mu_T\mu_C / (4\pi r_{TC}^4) \cdot (\cos\alpha\sin\beta\cos\delta + \sin\alpha\cos\beta\cos\chi) \\ F_{TzEM} = -3\mu_0\mu_T\mu_C / (4\pi r_{TC}^4) \cdot (\cos\alpha\sin\beta\sin\delta + \sin\alpha\cos\beta\sin\chi) \\ \tau_{TxEM} = -\mu_0\mu_T\mu_C / (4\pi r_{TC}^3) \cdot (\sin\alpha\sin\beta\sin(\delta-\chi)) \\ \tau_{TyEM} = \mu_0\mu_T\mu_C / (4\pi r_{TC}^3) \cdot (\cos\alpha\sin\beta\sin\delta + 2\sin\alpha\cos\beta\sin\chi) \\ \tau_{TzEM} = -\mu_0\mu_T\mu_C / (4\pi r_{TC}^3) \cdot (\cos\alpha\sin\beta\cos\delta + 2\sin\alpha\cos\beta\cos\chi) \\ F_{CxEM} = -F_{TxEM}, F_{CyEM} = -F_{TyEM}, F_{CzEM} = -F_{TzEM} \\ \tau_{CxEM} = -\mu_0\mu_T\mu_C / (4\pi r_{TC}^3) \cdot (\sin\alpha\sin\beta\sin(\chi-\delta)) \\ \tau_{CyEM} = \mu_0\mu_T\mu_C / (4\pi r_{TC}^3) \cdot (\cos\beta\sin\alpha\sin\chi + 2\sin\beta\cos\alpha\sin\delta) \\ \tau_{CzEM} = -\mu_0\mu_T\mu_C / (4\pi r_{TC}^3) \cdot (\cos\beta\sin\alpha\cos\chi + 2\sin\beta\cos\alpha\cos\delta) \end{cases} \tag{4.40}$$

对于图 4.14 和式 (4.40) 表征的磁偶极子作用而言，电磁航天器具有自对接能力的一个充分条件为 $F_{TxEM} > 0$；如果航天器电磁装置的等效磁偶极子间相对姿态满足小量假设条件 $\cos\alpha \approx 1, \cos\beta \approx 1, \sin\alpha \approx \alpha, \sin\beta \approx \beta$，则无论 (δ, χ) 取何值，满足条件 $F_{TxEM} > 0$。对于一般条件，考虑航天器对接实际，从另一个角度进行分析，具体梳理如下。

假定期望电磁航天器姿态已由姿态控制系统进行理想控制，对于对接模式而言，一般可认为电磁航天器磁偶极子指向一致，见图 4.14。基于此，磁偶极子 2 所受到磁偶极子 1 作用的电磁力/力矩模型为

$$\begin{cases} \boldsymbol{F}_{12} = \dfrac{3\mu_0\mu_1\mu_2}{4\pi r_{12}^4} \{[1 - 5(\hat{\boldsymbol{\mu}}_1 \cdot \hat{\boldsymbol{r}}_{12})^2]\hat{\boldsymbol{r}}_{12} + 2(\hat{\boldsymbol{\mu}}_1 \cdot \hat{\boldsymbol{r}}_{12})\hat{\boldsymbol{\mu}}_1\} \\ \boldsymbol{\tau}_{12} = \dfrac{3\mu_0\mu_1\mu_2}{4\pi r_{12}^3} (\hat{\boldsymbol{\mu}}_1 \cdot \hat{\boldsymbol{r}}_{12})\hat{\boldsymbol{\mu}}_1 \times \hat{\boldsymbol{r}}_{12} \end{cases} \tag{4.41}$$

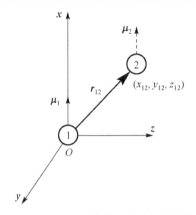

图 4.14　两平行磁偶极子操控空间构型

将 $\hat{\boldsymbol{\mu}}_1 = [\hat{\boldsymbol{x}} \quad 0 \quad 0]^{\mathrm{T}}$ 和 $\hat{\boldsymbol{r}}_{12} = \dfrac{1}{r_{12}}[x_{12}\hat{\boldsymbol{x}} \quad y_{12}\hat{\boldsymbol{y}} \quad z_{12}\hat{\boldsymbol{z}}]^{\mathrm{T}}$ 代入式(4.41)，可得

$$
\begin{cases}
\boldsymbol{F}_{12} = \dfrac{3\mu_0\mu_1\mu_2}{4\pi r_{12}^7}
\begin{bmatrix}
(3y_{12}^2 + 3z_{12}^2 - 2x_{12}^2)x_{12} & 0 & 0 \\
0 & (y_{12}^2 + z_{12}^2 - 4x_{12}^2)y_{12} & 0 \\
0 & 0 & (y_{12}^2 + z_{12}^2 - 4x_{12}^2)z_{12}
\end{bmatrix}
\begin{bmatrix}
\hat{\boldsymbol{x}} \\ \hat{\boldsymbol{y}} \\ \hat{\boldsymbol{z}}
\end{bmatrix} \\[18pt]
\boldsymbol{\tau}_{12} = \dfrac{3\mu_0\mu_1\mu_2}{4\pi r_{12}^5}
\begin{bmatrix}
0 & 0 & 0 \\
0 & -x_{12}z_{12} & 0 \\
0 & 0 & x_{12}y_{12}
\end{bmatrix}
\begin{bmatrix}
\hat{\boldsymbol{x}} \\ \hat{\boldsymbol{y}} \\ \hat{\boldsymbol{z}}
\end{bmatrix}
\end{cases}
\tag{4.42}
$$

式中，$x_{12}^2 + y_{12}^2 + z_{12}^2 = r_{12}^2$ 及 $x_{12} \geqslant 0$。

对于图 4.15 所示的两平行磁偶极子相互作用操控构型，自对接性的充分条件为

$$
F_{12x} \cdot x_{12} < 0, \quad F_{12y} \cdot y_{12} < 0, \quad F_{12z} \cdot z_{12} < 0
\tag{4.43}
$$

将自对接性条件式(4.43)代入式(4.42)，可得

$$
\begin{cases}
3y_{12}^2 + 3z_{12}^2 - 2x_{12}^2 < 0 \\
y_{12}^2 + z_{12}^2 - 4x_{12}^2 < 0
\end{cases}
\tag{4.44}
$$

又由于恒满足 $3y_{12}^2 + 3z_{12}^2 - 2x_{12}^2 \geqslant y_{12}^2 + z_{12}^2 - 4x_{12}^2$，因此，式(4.44)的约束条件可进一步简化为

$$
3y_{12}^2 + 3z_{12}^2 - 2x_{12}^2 < 0
\tag{4.45}
$$

分析式(4.45)可知，满足该条件的 (x_{12}, y_{12}, z_{12}) 空间为正圆锥体，半锥角 θ 和圆锥高 h 为其表征参数。

（1）半锥角 θ。根据 $3y_{12}^2 + 3z_{12}^2 - 2x_{12}^2 = 0$ 推导可得正圆锥的半锥角为

$$\tan\theta = \frac{\left(y_{12}^2 + z_{12}^2\right)^{0.5}}{x_{12}} = \sqrt{\frac{2}{3}} \Rightarrow \theta = 39.2315° \tag{4.46}$$

需要说明的是，不仅正圆锥内部满足自对接条件，正圆锥面也满足自对接条件：虽然自对接条件为 $3y_{12}^2 + 3z_{12}^2 - 2x_{12}^2 < 0$ 而正圆锥面仅满足 $3y_{12}^2 + 3z_{12}^2 - 2x_{12}^2 = 0$，但仍然满足 $y_{12}^2 + z_{12}^2 - 4x_{12}^2 < 0$，电磁力作用方向仍然指向正圆锥内部，相对运动状态自动进入自对接空间。

(2) 圆锥高 h。圆锥高代表磁偶极子的作用距离，由 $\boldsymbol{\mu}_1$、$\boldsymbol{\mu}_2$ 和 $\boldsymbol{r}_{12}$ 所决定。由式 (4.41) 分析可知，最大电磁力出现于 $\boldsymbol{r}_{12} = r_{12}\hat{\boldsymbol{x}}$ (同一圆锥最小距离)、$\boldsymbol{\mu}_1 \parallel \boldsymbol{\mu}_2$ (同一圆锥有效磁矩最大) 处，将 $\boldsymbol{r}_{12} = r_{12}\hat{\boldsymbol{x}}$ 和 $\boldsymbol{\mu}_1 \parallel \boldsymbol{\mu}_2$ 代入式 (4.41) 可得

$$\boldsymbol{F}_{12} = -\frac{3\mu_0 \mu_1 \mu_2}{2\pi r_{12}^4} \hat{\boldsymbol{x}} \tag{4.47}$$

因此，给定相对运动控制所需作用力 F_{des} 以及电磁装置可提供的最大磁矩 $(\mu_{1\max}, \mu_{2\max})$，将式 (4.47) 与 F_{des} 等价，推导得到正圆锥高 h 为

$$\frac{3\mu_0 \mu_1 \mu_2}{2\pi r_{12}^4} = \frac{3\mu_0 \mu_{1\max} \mu_{2\max}}{2\pi h^4} = F_{\mathrm{des}} \Rightarrow h = \left(\frac{3\mu_0 \mu_{1\max} \mu_{2\max}}{2\pi F_{\mathrm{des}}}\right)^{0.25} \tag{4.48}$$

因此，根据上述推导，电磁自对接空间可由图 4.15 表征。

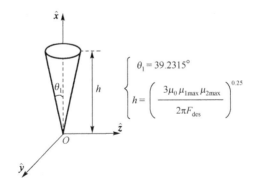

图 4.15　电磁自对接空间

该自对接空间以外的区域可进一步划分为两部分：半自对接空间、排斥空间。

(1) 半自对接空间。半自对接空间定义为：部分区域满足自对接，其余区域不满足。在满足 $3y_{12}^2 + 3z_{12}^2 - 2x_{12}^2 > 0$ 和 $y_{12}^2 + z_{12}^2 - 4x_{12}^2 < 0$ 区域，$O\hat{\boldsymbol{y}}$ 和 $O\hat{\boldsymbol{z}}$ 轴向相对距离逐渐减小，而 $O\hat{\boldsymbol{x}}$ 轴向相对距离逐渐增大，由正圆锥特性分析可知，该相对距离变化趋势使得总的相对位置进入自对接圆锥空间；然而，由于速度的影响，一些

状态逐渐收敛于自对接圆锥空间,而另一些状态逐渐发散(电磁力作用不能完全抵消速度影响行程);速度由初始相对位置以及磁矩决定,为一不确定量。

根据 $3y_{12}^2 + 3z_{12}^2 - 2x_{12}^2 > 0$ 和 $y_{12}^2 + z_{12}^2 - 4x_{12}^2 < 0$ 梳理半自对接空间,其为正圆锥空间减去自对接空间部分,其高度与自对接正圆锥高一致,而半锥角为

$$\tan\theta_2 = \frac{(y_{12}^2 + z_{12}^2)^{0.5}}{x_{12}} = 2 \Rightarrow \theta_2 = 63.4349° \tag{4.49}$$

半自对接空间如图 4.16 中内圆锥与外圆锥所夹区域所示。

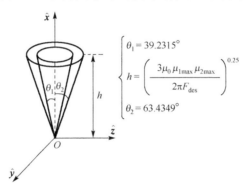

图 4.16　电磁半自对接空间

(2)排斥空间。自对接空间、半自对接空间以外的区域称为排斥空间。

需要特别说明的是,如上推导是以 $O\hat{x}$ 作为主对接轴,若以其他轴 $(O\hat{y}, O\hat{z})$ 作为主对接轴,同样存在类似结论。

为便于更加直观、深入地理解上述结论,以数值仿真算例予以验证。电磁航天器的物性参数为

$$m = 10\text{kg}, \quad \mu_1 = \mu_2 = 1000\text{A} \cdot \text{m}^2 \tag{4.50}$$

另外,初始条件被分成五类予以对比分析,具体包括如下。

(1)位于自对接空间初始条件(圆锥面)。

$$\boldsymbol{r}_{120} = [\sqrt{3} \quad 1 \quad 1]^{\mathrm{T}} \tag{4.51}$$

(2)位于自对接空间初始条件(圆锥内)。

$$\boldsymbol{r}_{120} = \left[\sqrt{3} \quad 0.5 \quad 0.8\right]^{\mathrm{T}} \tag{4.52}$$

(3)位于半自对接空间初始条件(圆锥面)。

$$\boldsymbol{r}_{120} = [1 \quad \sqrt{2} \quad \sqrt{2}]^{\mathrm{T}} \tag{4.53}$$

(4)位于半自对接空间初始条件(圆锥内)。

$$\boldsymbol{r}_{120} = [1 \quad 1 \quad \sqrt{1.5}]^{\mathrm{T}} \tag{4.54}$$

(5)位于排斥空间初始条件。

$$\boldsymbol{r}_{120} = [1 \quad \sqrt{3} \quad \sqrt{5}]^{\mathrm{T}} \tag{4.55}$$

假定电磁航天器 1 位于坐标原点保持不动，则电磁航天器 2 的相对位置变化如图 4.17 所示，其中方形表示初始状态，而三角形表示终端状态。

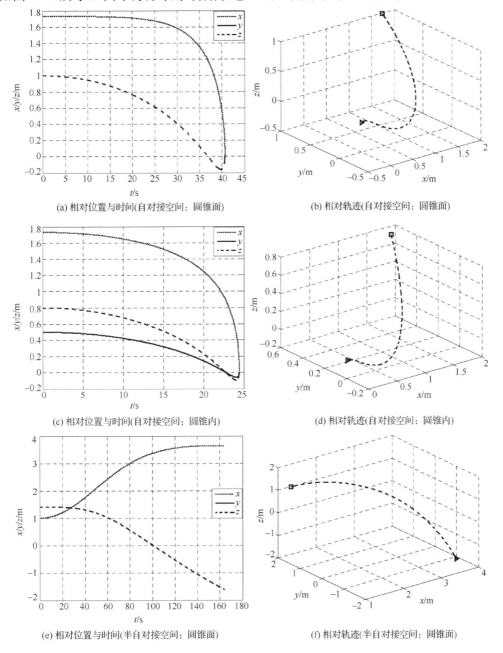

(a) 相对位置与时间(自对接空间：圆锥面)

(b) 相对轨迹(自对接空间：圆锥面)

(c) 相对位置与时间(自对接空间：圆锥内)

(d) 相对轨迹(自对接空间：圆锥内)

(e) 相对位置与时间(半自对接空间：圆锥面)

(f) 相对轨迹(半自对接空间：圆锥面)

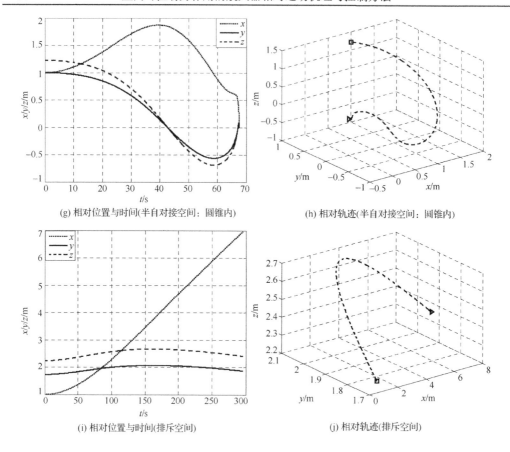

(g) 相对位置与时间(半自对接空间：圆锥内)　　　　(h) 相对轨迹(半自对接空间：圆锥内)

(i) 相对位置与时间(排斥空间)　　　　　　　(j) 相对轨迹(排斥空间)

图 4.17　处于 3 类空间初始运动状态的相对位置及轨迹

分析图 4.17 可得到以下结论。

（1）在自对接空间，所有相对位置都逐渐收敛到 0。其中，主对接轴的相对位置直接收敛到 0，而其他两轴的相对位置先改变符号再收敛到 0；另外，初始位置距离主对接轴越近，收敛时间越快。

（2）在半自对接空间，一些相对位置收敛到 0，而其他相对位置则发散；收敛相对位置的收敛特性与自对接空间初始运动状态一致。

（3）在排斥空间，所有相对位置的后续运动都发散。

进一步，给定与图 4.17 一致的初始相对运动状态，从相对轨迹与 3 类空间边界线的关系深入分析相对运动特性，如图 4.18 所示。图 4.18 进一步验证了如上理论分析及数值仿真结论，且可以发现：位于半自对接空间及排斥空间的初始相对运动状态也会进入自对接正圆锥体内，但部分半自对接空间及全部排斥空间的运动状态不能在该正圆锥体内停留，这是由进入正圆锥体时刻的速度所导致的。

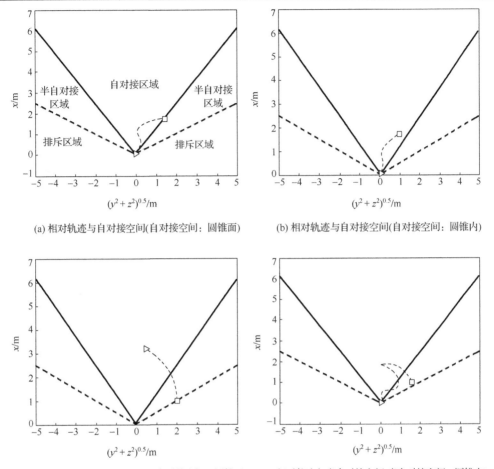

(a) 相对轨迹与自对接空间(自对接空间：圆锥面)　　(b) 相对轨迹与自对接空间(自对接空间：圆锥内)

(c) 相对轨迹与半自对接空间(半自对接空间：圆锥面)　(d) 相对轨迹与半自对接空间(半自对接空间：圆锥内)

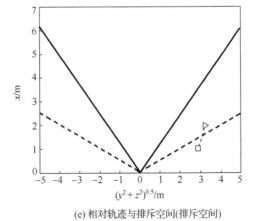

(e) 相对轨迹与排斥空间(排斥空间)

图 4.18　相对轨迹与空间边界线关系

4.3.3　自对准特性

类比于自对接特性，自对准特性主要针对相对姿态，定义为

$$\begin{cases} \partial^2(\alpha-\beta)^2/\partial t^2 \leqslant 0 \\ \partial^2(\chi-\delta)^2/\partial t^2 \leqslant 0 \end{cases} \tag{4.56}$$

1. 一维对接模式

一维电磁对接构型如图 4.19 所示，简单分析可知，自对准条件为 $\alpha_0=\beta_0=0$ 和 $\alpha_0=\beta_0=\pi$。

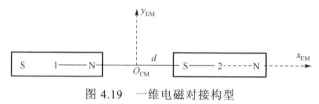

图 4.19　一维电磁对接构型

2. 二维对接模式

考虑阻尼特性，二维电磁对接的动力学模型推导为

$$\begin{cases} \ddot{d}=\dfrac{2}{m}\left(F_{2x\mathrm{EM}}+\dfrac{m}{2}d\dot{\theta}_d^2\right)-k\dot{d} \\[2mm] \ddot{\theta}_d=\dfrac{2}{md}F_{2y\mathrm{EM}}-k\dot{\theta}_d \\[2mm] \ddot{\alpha}=\dfrac{1}{I_z}(\tau_1-I_z\ddot{\theta}_d)-k\dot{\alpha} \\[2mm] \ddot{\beta}=\dfrac{1}{I_z}(\tau_2-I_z\ddot{\theta}_d)-k\dot{\beta} \end{cases} \tag{4.57}$$

式中，k 为阻尼系数；θ_d 为 $\boldsymbol{d}$ 与 $O_{\mathrm{CM}}x_{\mathrm{EM}}$ 轴的夹角；I_z 为电磁航天器转动惯量。

另外，二维电磁力/力矩模型简化为

$$\begin{cases} F_{2x\mathrm{EM}}=-\dfrac{3}{4\pi}\dfrac{\mu_0\mu_1\mu_2}{d^4}(\cos(\alpha+\beta)+\cos\alpha\cos\beta) \\[2mm] F_{2y\mathrm{EM}}=\dfrac{3}{4\pi}\dfrac{\mu_0\mu_1\mu_2}{d^4}\sin(\alpha+\beta) \\[2mm] \tau_1=-\dfrac{1}{4\pi}\dfrac{\mu_0\mu_1\mu_2}{d^3}(\sin(\alpha+\beta)+\sin\alpha\cos\beta) \\[2mm] \tau_2=-\dfrac{1}{4\pi}\dfrac{\mu_0\mu_1\mu_2}{d^3}(\sin(\alpha+\beta)+\sin\beta\cos\alpha) \end{cases} \tag{4.58}$$

式(4.57)对应的相对运动演化规律推导如图 4.20 所示。研究发现，相对姿态演变过程中存在两个关键参数，即 $\alpha+\beta$ 和 $\alpha-\beta$，该两个参数的变化方程推导为

$$\begin{cases} I_z(\ddot{\alpha}-\ddot{\beta}) = -\dfrac{1}{4\pi}\dfrac{\mu_0\mu_1\mu_2}{d^3}\sin(\alpha-\beta)-k(\dot{\alpha}-\dot{\beta}) \\ I_z(\ddot{\alpha}+\ddot{\beta}) = -\dfrac{3}{4\pi}\dfrac{\mu_0\mu_1\mu_2}{d^3}\sin(\alpha+\beta)-k(\dot{\alpha}+\dot{\beta})-2I_z\ddot{\theta} \\ \qquad\qquad = -\left(1+\dfrac{4I_z}{md^2}\right)\dfrac{3\mu_0\mu_1\mu_2}{4\pi d^3}\sin(\alpha+\beta)-k(\dot{\alpha}+\dot{\beta}) \end{cases} \tag{4.59}$$

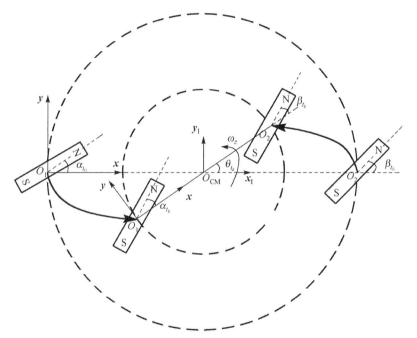

图 4.20　二维电磁对接相对运动演化规律

基于阻尼振动理论，由式(4.59)分析可知，由于 $\alpha-\beta$、$\dot{\alpha}-\dot{\beta}$、$\alpha+\beta$、$\dot{\alpha}+\dot{\beta}$ 前面的系数都大于 0，因此 $\alpha-\beta$ 和 $\alpha+\beta$ 都具有收敛特性，且收敛具有如下演变规律：(α,β) 的收敛状态满足 $\alpha-\beta=k_1\pi\,(k_1=0,1,2)$ 及 $\alpha+\beta=k_2\pi\,(k_2=0,1,2)$；若 $\alpha_0+\beta_0=0$，则 $\alpha+\beta$ 收敛到 0；若 $\alpha_0+\beta_0=\pi$，则 $\alpha+\beta$ 收敛到 π；若 $\alpha_0+\beta_0=2\pi$，则 $\alpha+\beta$ 收敛到 2π；若 $\alpha_0+\beta_0$ 等于其他值，则 $\alpha+\beta$ 将按最近旋转路径收敛到 0 或 2π；另外，由于 $\sin(\alpha+\beta)$ 前的参数数值远大于 $\sin(\alpha-\beta)$ 前的参数数值，根据阻尼振荡系统特性及阻尼系数分析，可知 $\alpha+\beta$ 的收敛速度远大于 $\alpha-\beta$ 的收敛速度(不包含 $\alpha_0=\beta_0$ 模式)。

基于以上一般演化规律，针对两磁偶极子不同的初始相对姿态构型(见图 4.21，其余构型类似，为简洁在此未给出)，分析得出对应的相对姿态演化规律如表 4.1～表 4.4 所示，可知除了 $\alpha_0 + \beta_0 = \pi$ 外的所有初始相对姿态都具有自对准特性，收敛的稳定状态取决于初始相对姿态。

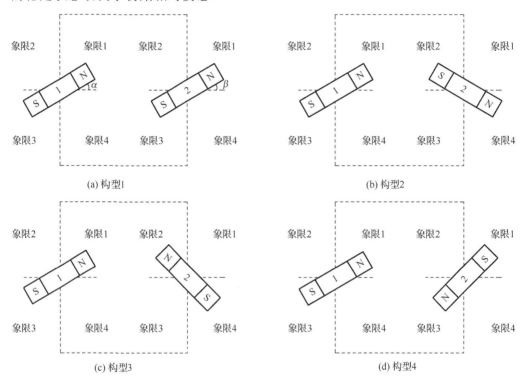

图 4.21　两磁偶极子初始相对构型

表 4.1　二维电磁对接演化规律(α_0 位于象限 1)

β_0 \ α_0		象限 1
象限 1	吸引	如 $\alpha_0 < \beta_0$，$\alpha\downarrow$，$\beta\downarrow$ $\to$ $\alpha + \beta \equiv 0(\alpha < 0, \beta > 0) \to \alpha = \beta \equiv 0$
	吸引	如 $\alpha_0 = \beta_0$，$\alpha\downarrow$，$\beta\downarrow$ $\to$ $\alpha = \beta \equiv 0$，$\alpha + \beta \equiv 0$
	吸引	如 $\alpha_0 > \beta_0$，$\alpha\downarrow$，$\beta\downarrow$ $\to$ $\alpha + \beta \equiv 0(\alpha > 0, \beta < 0) \to \alpha = \beta \equiv 0$
象限 2	吸引	如 $\alpha_0 < \pi - \beta_0$，$\alpha\downarrow$，$\beta\downarrow$ $\to$ $\alpha + \beta \equiv 0(\alpha < 0, \beta > 0) \to \alpha = \beta \equiv 0$
	排斥	如 $\alpha_0 = \pi - \beta_0$，$\alpha\uparrow$，$\beta\downarrow$ $\xrightarrow{\alpha + \beta \equiv \pi}$ $\alpha = \beta \equiv \pi/2$
	吸引	如 $\alpha_0 > \pi - \beta_0$，$\alpha\uparrow$，$\beta\uparrow$ $\to$ $\alpha + \beta \equiv 2\pi \to \alpha = \beta \equiv \pi$

β_0 ＼ α_0		象限 1
象限 3	吸引	如 $\alpha_0 < \pi + \beta_0$，$\alpha\downarrow$，$\beta\uparrow$ $\rightarrow \alpha+\beta\equiv 0(\alpha>0,\beta<0)\rightarrow\alpha=\beta\equiv 0$
		如 $\alpha_0 = \pi + \beta_0$，$\alpha\uparrow$，$\beta\uparrow$ $\overset{\alpha-\beta\equiv\pi}{\rightarrow}$ $\alpha+\beta\equiv 0(\alpha>0,\beta<0)$ $\rightarrow\alpha\equiv\pi/2$，$\beta\equiv-\pi/2$
		如 $\alpha_0 > \pi + \beta_0$，$\alpha\uparrow$，$\beta\downarrow$ $\rightarrow \alpha+\beta\equiv 2\pi\rightarrow\alpha\equiv\pi$，$\beta\equiv\pi$
象限 4	吸引	$\alpha\downarrow$，$\beta\uparrow$ $\rightarrow \alpha+\beta\equiv 0(\alpha>0,\beta<0)\rightarrow\alpha=\beta\equiv 0$

表 4.2　二维电磁对接演化规律（α_0 位于象限 2）

β_0 ＼ α_0		象限 2
象限 1	吸引	如 $\pi-\alpha_0 > \beta_0$，$\alpha\downarrow$，$\beta\downarrow$ $\rightarrow \alpha+\beta\equiv 0(\alpha>0,\beta<0)\rightarrow\alpha=\beta\equiv 0$
	排斥	如 $\pi-\alpha_0 = \beta_0$，$\alpha\downarrow$，$\beta\uparrow$ $\overset{\alpha+\beta\equiv\pi}{\rightarrow}$ $\alpha=\beta\equiv\pi/2$
	吸引	如 $\pi-\alpha_0 < \beta_0$，$\alpha\uparrow$，$\beta\uparrow$ $\rightarrow \alpha+\beta\equiv 2\pi\rightarrow\alpha=\beta\equiv\pi$
象限 2	吸引	如 $\alpha_0 < \beta_0$，$\alpha\uparrow$，$\beta\uparrow$ $\rightarrow \alpha+\beta\equiv 2\pi(\alpha<\pi,\beta>\pi)\rightarrow\alpha=\beta\equiv\pi$
		如 $\alpha_0 = \beta_0$，$\alpha\uparrow$，$\beta\uparrow$ $\rightarrow \alpha=\beta\equiv\pi$，$\alpha+\beta\equiv 2\pi$
		如 $\alpha_0 > \beta_0$，$\alpha\uparrow$，$\beta\uparrow$ $\rightarrow \alpha+\beta\equiv 2\pi(\alpha>\pi,\beta<\pi)\rightarrow\alpha=\beta\equiv\pi$
象限 3	吸引	$\alpha\uparrow$，$\beta\downarrow$ $\rightarrow \alpha+\beta\equiv 2\pi(\alpha<\pi,\beta>\pi)\rightarrow\alpha=\beta\equiv\pi$
象限 4	吸引	如 $\pi-\alpha_0 < -\beta_0$，$\alpha\uparrow$，$\beta\downarrow$ $\rightarrow \alpha+\beta\equiv 2\pi(\alpha<\pi,\beta>\pi)\rightarrow\alpha=\beta\equiv\pi$
		如 $\pi-\alpha_0 = -\beta_0$，$\alpha\downarrow$，$\beta\downarrow$ $\overset{\alpha-\beta\equiv\pi}{\rightarrow}$ $\alpha+\beta\equiv 0(\alpha>0,\beta<0)$ $\rightarrow\alpha\equiv\pi/2$，$\beta\equiv-\pi/2$
		如 $\pi-\alpha_0 > -\beta_0$，$\alpha\downarrow$，$\beta\uparrow$ $\rightarrow \alpha+\beta\equiv 0(\alpha>0,\beta<0)\rightarrow\alpha\equiv 0$，$\beta\equiv 0$

表 4.3　二维电磁对接演化规律（α_0 位于象限 3）

β_0 ＼ α_0		象限 3
象限 1	吸引	如 $\alpha_0-\pi > \beta_0$，$\alpha\uparrow$，$\beta\downarrow$ $\rightarrow \alpha+\beta\equiv 0(\alpha<0,\beta>0)\rightarrow\alpha=\beta\equiv 0$
		如 $\alpha_0-\pi = \beta_0$，$\alpha\uparrow$，$\beta\uparrow$ $\overset{\alpha-\beta\equiv\pi}{\rightarrow}$ $\alpha\equiv 3\pi/2$，$\beta\equiv\pi/2$
		如 $\alpha_0-\pi < \beta_0$，$\alpha\downarrow$，$\beta\uparrow$ $\rightarrow \alpha+\beta\equiv 2\pi(\alpha>\pi,\beta<\pi)\rightarrow\alpha=\beta\equiv\pi$
象限 2	吸引	$\alpha\downarrow$，$\beta\uparrow$ $\rightarrow \alpha+\beta\equiv 2\pi(\alpha>\pi,\beta<\pi)\rightarrow\alpha=\beta\equiv\pi$
象限 3	吸引	如 $\alpha_0 < \beta_0$，$\alpha\downarrow$，$\beta\downarrow$ $\rightarrow \alpha+\beta\equiv 2\pi(\alpha<\pi,\beta>\pi)\rightarrow\alpha=\beta\equiv\pi$
		如 $\alpha_0 = \beta_0$，$\alpha\downarrow$，$\beta\downarrow$ $\overset{\alpha-\beta\equiv 0}{\rightarrow}$ $\alpha=\beta\equiv\pi$，$\alpha+\beta\equiv 2\pi$
		如 $\alpha_0 > \beta_0$，$\alpha\downarrow$，$\beta\downarrow$ $\rightarrow \alpha+\beta\equiv 2\pi(\alpha>\pi,\beta<\pi)\rightarrow\alpha=\beta\equiv\pi$
象限 4	吸引	如 $\alpha_0-\pi < -\beta_0$，$\alpha\downarrow$，$\beta\downarrow$ $\rightarrow \alpha+\beta\equiv 2\pi(\alpha<\pi,\beta>\pi)\rightarrow\alpha=\beta\equiv\pi$
	排斥	如 $\alpha_0-\pi = -\beta_0$，$\alpha\uparrow$，$\beta\downarrow$ $\overset{\alpha+\beta\equiv\pi}{\rightarrow}$ $\alpha\equiv 3\pi/2$，$\beta\equiv-\pi/2$
	吸引	如 $\alpha_0-\pi > -\beta_0$，$\alpha\uparrow$，$\beta\uparrow$ $\rightarrow \alpha+\beta\equiv 0(\alpha>0,\beta<0)\rightarrow\alpha=\beta\equiv 0$

表 4.4 二维电磁对接演化规律（α_0 位于象限 4）

α_0 / β_0		象限 4
象限 1	吸引	$\alpha\uparrow,\beta\downarrow \to \alpha+\beta\equiv0(\alpha<0,\beta>0)\to\alpha=\beta\equiv0$
象限 2	吸引	如 $-\alpha_0<\pi-\beta_0$，$\alpha\uparrow,\beta\downarrow \to \alpha+\beta\equiv0(\alpha<0,\beta>0)\to\alpha=\beta\equiv0$
		如 $-\alpha_0=\pi-\beta_0$，$\alpha\downarrow,\beta\downarrow \xrightarrow{\beta-\alpha=\pi} \alpha+\beta\equiv0\to\beta\equiv\pi/2,\alpha\equiv-\pi/2$
		如 $-\alpha_0>\pi-\beta_0$，$\alpha\downarrow,\beta\downarrow \to \alpha+\beta\equiv2\pi(\alpha>\pi,\beta<\pi)\to\alpha=\beta\equiv\pi$
象限 3	吸引	如 $-\alpha_0<\beta_0-\pi$，$\alpha\uparrow,\beta\downarrow \to \alpha+\beta\equiv0(\alpha<0,\beta>0)\to\alpha=\beta\equiv0$
	排斥	如 $-\alpha_0=\beta_0-\pi$，$\alpha\downarrow,\beta\uparrow \xrightarrow{\alpha+\beta=\pi} \alpha=\beta\equiv3\pi/2$
	吸引	如 $-\alpha_0>\beta_0-\pi$，$\alpha\downarrow,\beta\uparrow \to \alpha+\beta\equiv2\pi(\alpha>\pi,\beta<\pi)\to\alpha=\beta\equiv\pi$
象限 4	吸引	如 $\alpha_0<\beta_0$，$\alpha\uparrow,\beta\uparrow \to \alpha+\beta\equiv0(\alpha<0,\beta>0)\to\alpha=\beta\equiv0$
		如 $\alpha_0=\beta_0$，$\alpha\uparrow,\beta\uparrow \to \alpha=\beta\equiv0$
		如 $\alpha_0>\beta_0$，$\alpha\uparrow,\beta\uparrow \to \alpha+\beta\equiv0(\alpha>0,\beta<0)\to\alpha=\beta\equiv0$

为验证以上理论推导，在此给出 5 个数值仿真算例予以验证。电磁航天器物性参数为

$$\begin{cases} m=10\mathrm{kg}, \quad I_z=1\mathrm{kg}\cdot\mathrm{m}^2 \\ \mu_1=\mu_2=1\mathrm{A}\cdot\mathrm{m}^2 \end{cases} \tag{4.60}$$

相对姿态初始状态设置为

$$\begin{cases} \alpha_0\in\text{象限 1},\beta_0\in\text{象限 1}:\begin{cases}\alpha_0=8^\circ,\beta_0=3^\circ,d_0=0.1\mathrm{m},\theta_0=0\\\dot\alpha_0=\dot\beta_0=\dot d_0=\dot\theta_0=0\end{cases}\\[2mm] \alpha_0\in\text{象限 1},\beta_0\in\text{象限 4}:\begin{cases}\alpha_0=8^\circ,\beta_0=-3^\circ,d_0=0.1\mathrm{m},\theta_0=0\\\dot\alpha_0=\dot\beta_0=\dot d_0=\dot\theta_0=0\end{cases}\\[2mm] \alpha_0\in\text{象限 1},\beta_0\in\text{象限 2}:\begin{cases}\alpha_0=8^\circ,\beta_0=93^\circ,d_0=0.1\mathrm{m},\theta_0=0\\\dot\alpha_0=\dot\beta_0=\dot d_0=\dot\theta_0=0\end{cases}\\[2mm] \alpha_0\in\text{象限 1},\beta_0\in\text{象限 3}:\begin{cases}\alpha_0=8^\circ,\beta_0=-93^\circ,d_0=0.1\mathrm{m},\theta_0=0\\\dot\alpha_0=\dot\beta_0=\dot d_0=\dot\theta_0=0\end{cases}\\[2mm] \alpha_0+\beta_0=\pi:\begin{cases}\alpha_0=89.5^\circ,\beta_0=90.5^\circ,d_0=0.1\mathrm{m},\theta_0=0\\\dot\alpha_0=\dot\beta_0=\dot d_0=\dot\theta_0=0\end{cases} \end{cases} \tag{4.61}$$

数值仿真结果如图 4.22～图 4.26 所示，为便于分析各姿态角的收敛速度，图 4.22～图 4.26 中将$|\alpha|$、$|\alpha+\beta|$以及$|\alpha-\beta|$与 0.01° 进行对比：大于 0.01°，

给定值 1；小于等于 0.01°，给定值 0。由图 4.22～图 4.25 仿真结果分析可知，α、β、$\alpha-\beta$、$\alpha+\beta$ 都收敛到 0，且 $\alpha+\beta$ 收敛速度最快；由图 4.26 仿真结果分析可知，α 和 β 都收敛到 $\pi/2$，且收敛过程中 $\alpha+\beta \equiv \pi$ 保持不变。总的来说，仿真结果很好地验证了以上理论推导。

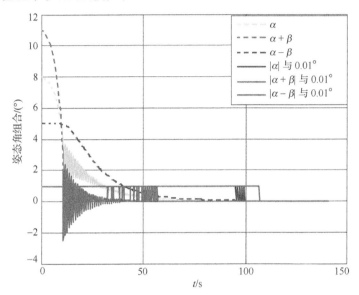

图 4.22　姿态角及其与 0.01° 比较（算例 1）（见彩图）

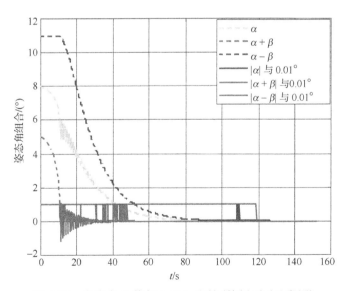

图 4.23　姿态角及其与 0.01° 比较（算例 2）（见彩图）

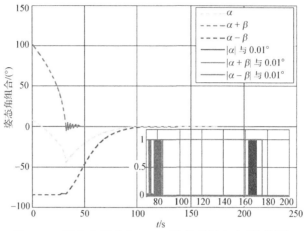

图 4.24　姿态角及其与 0.01° 比较（算例 3）（见彩图）

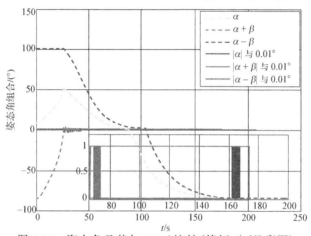

图 4.25　姿态角及其与 0.01° 比较（算例 4）（见彩图）

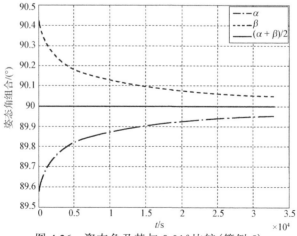

图 4.26　姿态角及其与 0.01° 比较（算例 5）

4.4　本 章 小 结

本章阐述了磁场力作用的航天器相对运动机理，包括磁场力在轨产生机理、星间磁场力模型及其应用可行性分析、磁场力作用的航天器相对运动建模及模型适应性简化、星间磁场力作用的控制能力/自对接/自对准特性等。由理论推导及数值仿真分析可知，星间磁场力作用模型一般包括远场模型与近场模型两类，解析的远场模型仅在两电磁装置相距一定距离之外才具有可行精度，而近场模型非解析；采用拉格朗日方程建立磁场力作用集群系统的动力学模型充分考虑了系统内力特性，物理意义明确；星间磁场力作用范围受电磁线圈物理参数（线圈半径、电流、匝数等）以及电磁航天器间相对距离限制，电磁对接具有自对接特性（表征相对位置）以及自对准特性（表征相对姿态），但需满足一定条件；电磁自对接特性需满足正圆锥空间约束，电磁自对准特性需满足初始条件 $\alpha_0 + \beta_0 \neq \pi$。

参 考 文 献

[1]　American Superconductor. Bi-2223 high strength wire[EB/OL]. http://www.amsuper.com/products/htsWire/index.html[2016-05-03].

[2]　Know D W. Electromagnetic formation flight of satellite arrays[D]. Cambridge: Massachusetts Institute of Technology, 2005.

[3]　Neave M. Dynamic and thermal control of an electromagnetic formation flight testbed[D]. Cambridge: Massachusetts Institute of Technology, 2005.

[4]　Kwon D W. Cryogenic heat pipe for cooling high temperature superconductors with application to electromagnetic formation flight satellite[D]. Cambridge: Massachusetts Institute of Technology, 2009.

第 5 章　磁通钉扎效应力对磁场力作用的拓展及其他星间可控场力

超导磁通钉扎效应为超导体-磁体之间的一类特殊作用,体现为在外磁场中对超导体进行冷却后,超导体会钉扎住特定强度的磁通。对于航天器相对运动操控而言,相较可控星间电磁场力/力矩作用,磁通钉扎效应产生的作用力/力矩具有被动稳定特性,即在给定初始场冷条件以及后续施加外磁场强度条件下,存在一一对应的六自由度相对运动状态;在此运动状态下,超导体-磁体(外磁场)之间的相对作用力/力矩之和为零,且具有一定的稳定域与阻尼特性。

5.1　磁通钉扎效应及其作用力/力矩模型

超导磁通钉扎是非理想第 II 类超导体与外部磁场的特殊相互作用。超导体有两种类型,包括第 I 类超导体与第 II 类超导体(图 5.1):第 I 类超导体的临界温度很低,称为低温超导体;第 II 类超导体的临界温度较高,称为高温超导体。对于第 I 类超导体,当外部磁场强度低于超导体临界磁场强度 $H_c(T)$ 时,超导体表现为完全抗磁性,此时超导体处于迈斯纳态(即超导态);当外部磁场强度等于超导体临界磁场强度时,超导体会发生由超导态向正常态的突变。对于第 II 类超导体,存在上、下两个临界磁场强度,完全抗磁性位于下临界磁场强度以下区域;随着外部磁场强度的增加和磁通的穿透,磁化体现为连续的变化,直到外部磁场强度达到上临界磁场强度后,抗磁性完全消失,进入正常态;而处于下临界磁场强度到上临界磁场强度之间区域的抗磁态称为钉扎态,磁通钉扎效应即发生于此区域,超导体磁感应强度 B 满足 $B \neq 0$[1]。

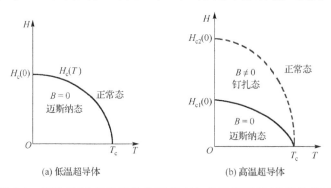

(a) 低温超导体　　　　　　　(b) 高温超导体

图 5.1　低温/高温超导体的物理状态与外磁场强度/温度的关系

依据第 II 类超导体冷却到临界温度时有无外部磁场,第 II 类超导体的冷却方式分为零场冷与场冷两种类型[2]:零场冷指在无外磁场环境中对超导体进行冷却,该方式下超导体无法捕获磁场,超导体与磁场之间互相排斥,无法形成相对稳定的作用与连接;通常磁通钉扎效应应用采取的冷却方式是场冷,即在外磁场环境中对超导体进行冷却。一般情况下,第 II 类超导体内部存在着杂质、空洞、晶格畸变等缺陷,这些缺陷称为钉扎中心,这样的超导体也被称为非理想第 II 类超导体(可认为实际应用的第 II 类超导体都是非理想的)。正是由于钉扎中心的存在,在场冷条件下,尽管磁通可进入超导体内部,但是磁通线的运动会受到阻碍和限制,表现为磁通线在缺陷处被捕获钉扎,这种阻碍超导体内部磁通变化的作用称为超导磁通钉扎效应[3]。

采用超导磁通钉扎效应的分布式空间系统基于超导体-电磁体之间的钉扎效应,携带超导装置的航天器称为超导星,携带电磁装置的航天器称为电磁星:超导装置通常选用氧化钇钡铜(YBCO)超导块材来捕获磁通,在超导材料制备过程中可采用渗透、掺杂、引入纳米钉扎中心、拼接等工艺提高超导体捕获磁场的能力;温控系统采用被动遮阳与主动制冷相结合等方式使超导体温度始终处于钉扎态温度,确保超导体不失超;电磁装置为在航天器三个惯量主轴方向各安装 1 个电磁线圈,可产生空间任意指向的电磁磁矩,线圈材质采用高温超导带材,卫星电源系统为电磁线圈提供电能。

相比传统推力作用,采用磁通钉扎效应力控制航天器相对运动具有如下优势:磁通钉扎效应力的产生不消耗推进剂,因而不存在工质消耗问题,可显著提升航天器在轨寿命,同时也可避免羽流污染以及光学设备干扰等问题;磁通钉扎效应力的大小、方向与超导装置场冷参数、电磁线圈的磁矩相关,超导装置场冷参数一般在构建磁通钉扎连接时已完成初始化,如需改变只能使超导体失超后重新构建磁通钉扎连接,因此一般不考虑改变,而电磁线圈磁矩可通过控制电磁线圈电流进行实时改变从而改变磁通钉扎效应力,实现连续、可逆控制;磁通钉扎效应力是相互作用的内力,在控制上具有同步性。另外,相比其他的星间非接触作用力,如电磁力、库仑力等,星间磁通钉扎效应力具有被动稳定性、刚度与阻尼特性等特性。

磁通钉扎作用是高温超导体与磁场的相互作用,从物理本质上对其建模需要根据超导电磁理论对超导体内部感生电流分布进行求解,难以得到简明形式的解析解,不便于进行力学特性分析,也给磁通钉扎作用的星间相对运动动力学与控制研究带来较大困难。Kordyuk 引入冻结镜像,提出镜像模型并基于此解释了钉扎连接的被动稳定性、给出超导磁通钉扎效应力/力矩的解析表达式[4]。需要注意的是,该模型基于如下假设:场冷;忽略磁滞效应;认为超导平面无限大,忽略边缘效应；超导体厚度远小于磁体与超导体的间距。

镜像模型在超导体内部引入虚拟的冻结镜像磁体与移动镜像磁体，将磁通钉扎作用转化为两个虚拟的镜像磁体与外部实际磁体相互作用的叠加：冷却时，冻结镜像和移动镜像在同一位置同时产生，两个虚拟镜像磁体与场冷磁体关于超导体平面对称，冻结镜像磁体的等效电流方向与场冷磁体的电流方向相同，移动镜像磁体的等效电流方向与场冷磁体的电流方向相反；场冷过程完成后，移除场冷磁体而施加外磁体作用，当外磁体移动时冻结镜像固定在初始位置不动，而移动镜像随着磁体的移动而移动，且时刻与外磁体关于超导体表面对称。需要进一步说明的是，如果在建立场冷钉扎连接后改变外磁体磁矩，则冻结镜像磁偶极子的位置/指向/磁矩不变，但移动镜像磁偶极子的位置/指向/磁矩随外磁体变化。

容易判定，冻结镜像对外磁体是吸引作用，而移动镜像对外磁体则是排斥作用。将磁体等效为磁偶极子，则磁通钉扎作用可用两个虚拟的镜像磁偶极子与外部磁偶极子的相互作用表征，本书将这样的 2 对 1（或 1 对 2）的电磁相互作用称为受限三磁偶极子作用。这里的"受限"指超导体内部的两个虚拟镜像磁偶极子完全由外部磁偶极子相对于超导体表面的位置和指向决定。

5.1.1 受限三磁偶极子关系

将电磁装置看作电磁偶极子，其磁矩矢量 μ_{EM} 为

$$\boldsymbol{\mu}_{\mathrm{EM}} = NIA\hat{\boldsymbol{l}} \tag{5.1}$$

式中，N 为电磁线圈匝数；A 为线圈面积；I 为线圈电流；$\hat{\boldsymbol{l}}$ 为线圈磁矩单位矢量，其方向根据电流环绕方向按照右手定则判定。

外磁场在超导体内部产生两个虚拟磁偶极子，记冻结磁偶极子的磁矩为 $\boldsymbol{\mu}_{\mathrm{F}}$、移动磁偶极子的磁矩为 $\boldsymbol{\mu}_{\mathrm{M}}$、两个虚拟磁偶极子位置矢量为 $(\boldsymbol{\rho}_{\mathrm{F}}, \boldsymbol{\rho}_{\mathrm{M}})$，见图 5.2。则受限三磁偶极子关系可由式(5.2)给出：

$$\begin{cases} \boldsymbol{\mu}_{\mathrm{F}} = 2(\hat{\boldsymbol{a}} \cdot \boldsymbol{\mu}_{\mathrm{FC}})\hat{\boldsymbol{a}} - \boldsymbol{\mu}_{\mathrm{FC}} \\ \boldsymbol{\mu}_{\mathrm{M}} = \boldsymbol{\mu}_{\mathrm{EM}} - 2(\hat{\boldsymbol{a}} \cdot \boldsymbol{\mu}_{\mathrm{EM}})\hat{\boldsymbol{a}} \\ \boldsymbol{\rho}_{\mathrm{F}} = \boldsymbol{\rho}_{\mathrm{FC}} - 2[\hat{\boldsymbol{a}} \cdot (\boldsymbol{\rho}_{\mathrm{FC}} - \boldsymbol{\rho}_{\mathrm{SC}})]\hat{\boldsymbol{a}} \\ \boldsymbol{\rho}_{\mathrm{M}} = \boldsymbol{\rho}_{\mathrm{EM}} - 2[\hat{\boldsymbol{a}} \cdot (\boldsymbol{\rho}_{\mathrm{EM}} - \boldsymbol{\rho}_{\mathrm{SC}})]\hat{\boldsymbol{a}} \end{cases} \tag{5.2}$$

式中，$\boldsymbol{\mu}_{\mathrm{FC}}$ 为场冷时刻外部磁偶极子的磁矩矢量，$\boldsymbol{\rho}_{\mathrm{FC}}$ 为场冷磁体位置矢量；两者统称为场冷参数；$\boldsymbol{\rho}_{\mathrm{EM}}$ 为电磁星位置矢量；$\boldsymbol{\rho}_{\mathrm{SC}}$ 为超导星位置矢量；$\hat{\boldsymbol{a}}$ 为超导体平面单位法向量。

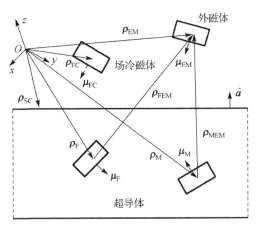

图 5.2　受限三磁偶极子关系

设星 1 为超导星，星 2 为电磁星，则星 2 受到星 1 作用的磁通钉扎效应力/力矩可由式(5.3)计算：

$$\begin{cases} \boldsymbol{F}_{12} = \boldsymbol{F}_{\mathrm{EM}}(\boldsymbol{\mu}_{\mathrm{F}}, \boldsymbol{\mu}_{\mathrm{EM}}, \boldsymbol{\rho}_{\mathrm{FEM}}) + \boldsymbol{F}_{\mathrm{EM}}(\boldsymbol{\mu}_{\mathrm{M}}, \boldsymbol{\mu}_{\mathrm{EM}}, \boldsymbol{\rho}_{\mathrm{MEM}}) \\ \boldsymbol{\tau}_{12} = \boldsymbol{\tau}_{\mathrm{EM}}(\boldsymbol{\mu}_{\mathrm{F}}, \boldsymbol{\mu}_{\mathrm{EM}}, \boldsymbol{\rho}_{\mathrm{FEM}}) + \boldsymbol{\tau}_{\mathrm{EM}}(\boldsymbol{\mu}_{\mathrm{M}}, \boldsymbol{\mu}_{\mathrm{EM}}, \boldsymbol{\rho}_{\mathrm{MEM}}) \end{cases} \tag{5.3}$$

式中，$\boldsymbol{F}_{\mathrm{EM}}$ 与 $\boldsymbol{\tau}_{\mathrm{EM}}$ 为远场电磁力/力矩函数；$\boldsymbol{\rho}_{\mathrm{FEM}} = \boldsymbol{\rho}_{\mathrm{EM}} - \boldsymbol{\rho}_{\mathrm{F}}$；$\boldsymbol{\rho}_{\mathrm{MEM}} = \boldsymbol{\rho}_{\mathrm{EM}} - \boldsymbol{\rho}_{\mathrm{M}}$。

5.1.2　远场电磁力/力矩模型

基于电磁场理论，位置矢量 $\boldsymbol{\rho}_j$ 的磁偶极子 j 在位置矢量 $\boldsymbol{\rho}_i$ 处产生的磁感应强度矢量为

$$\boldsymbol{B}_{ij}(\boldsymbol{\mu}_j, \boldsymbol{\rho}_{ij}) = \frac{\mu_0}{4\pi} \left[\frac{3\boldsymbol{\rho}_{ij}(\boldsymbol{\mu}_j \cdot \boldsymbol{\rho}_{ij})}{\rho_{ij}^5} - \frac{\boldsymbol{\mu}_j}{\rho_{ij}^3} \right] \tag{5.4}$$

式中，$\boldsymbol{\rho}_{ij} = \boldsymbol{\rho}_i - \boldsymbol{\rho}_j$；$\rho_{ij} = |\boldsymbol{\rho}_{ij}|$ 为磁偶极子之间相对距离。

磁偶极子 j 作用于磁偶极子 i 的远场电磁力/力矩矢量模型为

$$\begin{cases} \boldsymbol{F}_{ji}^{\mathrm{EM}} = \nabla(\boldsymbol{\mu}_i \cdot \boldsymbol{B}_{ij}) \\ \boldsymbol{\tau}_{ji}^{\mathrm{EM}} = \boldsymbol{\mu}_i \times \boldsymbol{B}_{ij} \end{cases} \tag{5.5}$$

式中，$\boldsymbol{F}^{\mathrm{EM}}$ 和 $\boldsymbol{\tau}^{\mathrm{EM}}$ 分别为电磁力、电磁力矩矢量。

将 1、2 标志代入，进一步可将式(5.5)写为

$$\begin{cases} \boldsymbol{F}^{\text{EM}}(\boldsymbol{\mu}_1, \boldsymbol{\mu}_2, \boldsymbol{\rho}) = \dfrac{3\mu_0}{4\pi\rho^5}\left[(\boldsymbol{\mu}_1 \cdot \boldsymbol{\mu}_2)\boldsymbol{\rho} + (\boldsymbol{\mu}_1 \cdot \boldsymbol{\rho})\boldsymbol{\mu}_2 + (\boldsymbol{\mu}_2 \cdot \boldsymbol{\rho})\boldsymbol{\mu}_1 - 5\dfrac{(\boldsymbol{\mu}_1 \cdot \boldsymbol{\rho})(\boldsymbol{\mu}_2 \cdot \boldsymbol{\rho})}{\rho^2}\boldsymbol{\rho}\right] \\[4mm] \boldsymbol{\tau}^{\text{EM}}(\boldsymbol{\mu}_1, \boldsymbol{\mu}_2, \boldsymbol{\rho}) = \dfrac{\mu_0}{4\pi\rho^5}[3(\boldsymbol{\mu}_1 \cdot \boldsymbol{\rho})(\boldsymbol{\mu}_2 \times \boldsymbol{\rho}) - \rho^2 \boldsymbol{\mu}_2 \times \boldsymbol{\mu}_1] \end{cases} \tag{5.6}$$

需明确，$\boldsymbol{F}^{\text{EM}}(\boldsymbol{\mu}_1, \boldsymbol{\mu}_2, \boldsymbol{\rho})$、$\boldsymbol{\tau}^{\text{EM}}(\boldsymbol{\mu}_1, \boldsymbol{\mu}_2, \boldsymbol{\rho})$为磁偶极子 1 对磁偶极子 2 的电磁力/力矩。

至此，基于冻结镜像模型与磁偶极子假设，采用受限三磁偶极子模式给出了由式(5.2)、式(5.3)和式(5.6)表征的磁通钉扎效应力/力矩模型。

5.1.3　磁通钉扎效应力/力矩模型误差分析

假设磁偶极子是磁通钉扎效应力/力矩模型的主要误差来源，对于任意形状的两套电磁线圈，可将其视为由若干电流微元组成的闭合电流；已知电流微元的方向、大小及相对位置，利用毕奥-萨伐尔定律可计算电流微元之间的作用力/力矩，进而通过对电磁线圈进行体积分得到两者之间的电磁力/力矩。

建立电磁线圈作用的空间几何如图 5.3 所示，(I_1, I_2)为通过线圈 1、2 的电流；$(\mathrm{d}\boldsymbol{l}_1, \mathrm{d}\boldsymbol{l}_2)$为电流微元；$(\boldsymbol{a}_1, \boldsymbol{a}_2)$为线圈半径矢量；$\boldsymbol{r} = \boldsymbol{s} - \boldsymbol{a}_1$为两电流微元之间相对距离。则作用于线圈 1 的精确电磁力/力矩为

$$\begin{cases} \boldsymbol{F}_{21}^{\text{EM}} = \dfrac{\mu_0 I_1 I_2}{4\pi} \oint\left(\oint\left(\dfrac{\boldsymbol{r} \times \mathrm{d}\boldsymbol{l}_2}{|\boldsymbol{r}|^3}\right) \times \mathrm{d}\boldsymbol{l}_1\right) \\[4mm] \boldsymbol{\tau}_{21}^{\text{EM}} = \dfrac{\mu_0 I_1 I_2}{4\pi} \oint \boldsymbol{a}_1 \times \left(\left(\oint\dfrac{\boldsymbol{r} \times \mathrm{d}\boldsymbol{l}_2}{|\boldsymbol{r}|^3}\right) \times \mathrm{d}\boldsymbol{l}_1\right) \end{cases} \tag{5.7}$$

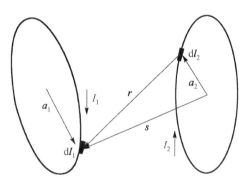

图 5.3　电磁线圈及其空间几何

进一步，采用离散电磁线圈微元法开展电磁力/力矩的近似计算。给定电磁力/

力矩计算参考系（$\mathcal{N}$ 系），线圈 1 的质心矢径为 $\boldsymbol{R}_1$，平面单位法向量为 $\boldsymbol{S}_1$，线圈 2 的质心矢径为 $\boldsymbol{R}_2$，平面单位法向量为 $\boldsymbol{S}_2$。$\mathcal{N}$ 系的单位正交基为

$$\begin{cases} \boldsymbol{i}_{\mathcal{N}} = [1 \quad 0 \quad 0]^{\mathrm{T}} \\ \boldsymbol{j}_{\mathcal{N}} = [0 \quad 1 \quad 0]^{\mathrm{T}} \\ \boldsymbol{k}_{\mathcal{N}} = [0 \quad 0 \quad 1]^{\mathrm{T}} \end{cases} \tag{5.8}$$

定义线圈坐标系 C：以线圈圆心为原点，以线圈平面单位法向量为 z_C 轴单位矢量，x_C、y_C 轴位于线圈平面内，与 z_C 轴正交并构成右手系。已知 z_C 轴单位矢量为 $\boldsymbol{S}$，x_C、y_C 轴单位矢量等价于求解如下方程（x_C、y_C 轴单位矢量是 $\boldsymbol{S}^{\mathrm{T}}$ 零空间的单位正交基 $\boldsymbol{i}_C$、$\boldsymbol{j}_C$）：

$$\boldsymbol{S}^{\mathrm{T}} \boldsymbol{X} = 0 \tag{5.9}$$

线圈坐标系 C 到 $\mathcal{N}$ 系的转换矩阵为

$$\boldsymbol{N}_C = \begin{bmatrix} \boldsymbol{i}_{\mathcal{N}} \cdot \boldsymbol{i}_C & \boldsymbol{i}_{\mathcal{N}} \cdot \boldsymbol{j}_C & \boldsymbol{i}_{\mathcal{N}} \cdot \boldsymbol{S} \\ \boldsymbol{j}_{\mathcal{N}} \cdot \boldsymbol{i}_C & \boldsymbol{j}_{\mathcal{N}} \cdot \boldsymbol{j}_C & \boldsymbol{j}_{\mathcal{N}} \cdot \boldsymbol{S} \\ \boldsymbol{k}_{\mathcal{N}} \cdot \boldsymbol{i}_C & \boldsymbol{k}_{\mathcal{N}} \cdot \boldsymbol{j}_C & \boldsymbol{k}_{\mathcal{N}} \cdot \boldsymbol{S} \end{bmatrix} \tag{5.10}$$

在线圈坐标系 C 中，电磁线圈参数计算为

$$\begin{cases} \boldsymbol{a}_1 = a_1 [\cos\theta_1 \quad \sin\theta_1 \quad 0]^{\mathrm{T}} \\ \boldsymbol{a}_2 = a_2 [\cos\theta_2 \quad \sin\theta_2 \quad 0]^{\mathrm{T}} \\ \mathrm{d}\boldsymbol{l}_{C1} = \dfrac{1}{N_1} 2\pi a_1 [-\sin\theta_1 \quad \cos\theta_1 \quad 0]^{\mathrm{T}} \\ \mathrm{d}\boldsymbol{l}_{C2} = \dfrac{1}{N_2} 2\pi a_2 [-\sin\theta_2 \quad \cos\theta_2 \quad 0]^{\mathrm{T}} \end{cases} \tag{5.11}$$

式中，N_1、N_2 分别为对应线圈的离散分段数；θ_i 为线圈 i 上某点与线圈坐标系 C 原点连线与 x_C 轴的夹角。

通过坐标转换，可得到 $\mathcal{N}$ 系中电流微元的矢径：

$$\begin{cases} \boldsymbol{\rho}_1 = \boldsymbol{R}_1 + \boldsymbol{N}_{C1} [\cos\theta_1 \quad \sin\theta_1 \quad 0]^{\mathrm{T}} \\ \boldsymbol{\rho}_2 = \boldsymbol{R}_2 + \boldsymbol{N}_{C2} [\cos\theta_2 \quad \sin\theta_2 \quad 0]^{\mathrm{T}} \end{cases} \tag{5.12}$$

在 $\mathcal{N}$ 系中，电流微元矢量为

$$\mathrm{d}\boldsymbol{l}_{1,2} = \boldsymbol{N}_{C1,2} \mathrm{d}\boldsymbol{l}_{C1,2} \tag{5.13}$$

推导可得微元离散求解的电磁力/力矩模型为

$$\begin{cases} \boldsymbol{F}_{21}^{\mathrm{EM}} = \dfrac{\mu_0 I_1 I_2}{4\pi} \sum_{\theta_1=0}^{2\pi} \sum_{\theta_2=0}^{2\pi} \dfrac{\mathrm{d}\boldsymbol{l}_{C1} \times (\mathrm{d}\boldsymbol{l}_{C2} \times \boldsymbol{r})}{|\boldsymbol{r}|^3} \\ \boldsymbol{\tau}_{21}^{\mathrm{EM}} = \displaystyle\sum_{\theta_1=0}^{2\pi} \boldsymbol{a}_1 \times \boldsymbol{F}_{21}^{\mathrm{EM}} \end{cases} \tag{5.14}$$

远场模型是磁通钉扎效应力/力矩模型的一个误差来源,通过数值仿真分析精确模型与离散模型之间的误差特性:两线圈相距 4m,线圈安匝数为 1000 安匝,半径为 0.25m;惯性坐标系中,设定线圈 2 的单位法向量为 $[0\ 0\ 1]^{\mathrm{T}}$,线圈 1 的单位法向量为 $[0\ \sin\theta\ \cos\theta]^{\mathrm{T}}$($\theta$ 为线圈 1 法向与 $\boldsymbol{k}_N$ 轴的夹角)。定义 α 为精确模型计算得到的电磁力与远场模型计算得到的电磁力夹角,β 为精确模型计算得到的电磁力矩与远场模型计算得到的电磁力矩夹角。仿真分析可得 $\alpha(\theta)$ 与 $\beta(\theta)$ 如图 5.4 和图 5.5 所示。

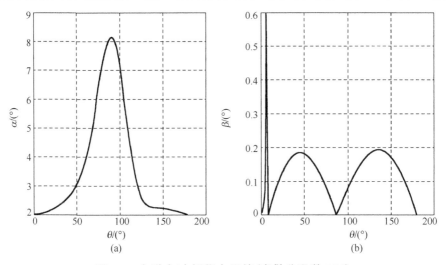

图 5.4　电磁力/力矩指向误差(离散分段数 300)

分析可知,电磁力指向误差大于电磁力矩指向误差;离散分段数越高,电磁力/力矩指向误差越小;离散分段数为 300 时,电磁力指向误差最大约为 8.2°,对应的相对误差为 1.02%;电磁力矩指向误差最大约为 0.6°,对应的相对误差为 0.005%。因此,对于米量级的星间距离,远场模型可提供足够精确的电磁力/力矩,具有良好的适用性。

镜像模型假设是磁通钉扎效应力/力矩模型的另一个误差来源,主要体现为实际情况下超导体内虚拟镜像磁偶极子存在一定误差:

$$\begin{cases} |\boldsymbol{\mu}_{\mathrm{F}}| = \eta\,|\boldsymbol{\mu}_{\mathrm{FC}}| \\ |\boldsymbol{\mu}_{\mathrm{M}}| = \zeta\,|\boldsymbol{\mu}_{\mathrm{EM}}| \end{cases} \tag{5.15}$$

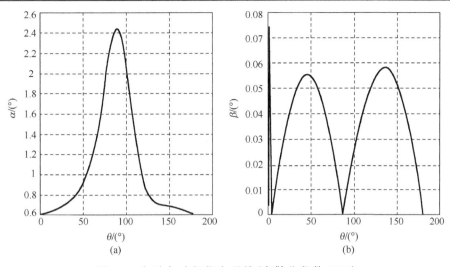

图 5.5　电磁力/力矩指向误差(离散分段数 1000)

式中，捕获磁场系数 η 与感生磁场系数 ζ 相等，且数值处于[0,1]范围内；两个系数对磁通钉扎效应力/力矩模型的误差也近似为乘性误差，且随着距离的增加误差逐渐减小。

　　基于上述分析，可采用基于受限三磁偶极子原则推导的磁通钉扎效应力/力矩模型开展磁通钉扎效应力学特性、磁通钉扎作用的航天器间相对运动动力学分析与设计，而控制律设计则需进一步考虑不确定性与模型误差。

5.2　磁通钉扎作用的被动稳定性及其对磁场力作用的动力学拓展与约束

5.2.1　平面磁通钉扎效应力/力矩特性

1.　一维磁通钉扎

一维磁通钉扎如图 5.6 所示：建立固连于超导体的坐标系，坐标系 z 轴正向与超导体平面法向一致。

　　超导体位置/指向固定，磁体沿 z 轴方向运动且其磁矩矢量始终平行于 z 轴，满足

$$\begin{cases} \boldsymbol{\mu}_{\mathrm{FC}} = [0 \ \ 0 \ \ \mu_{\mathrm{FCz}}]^{\mathrm{T}}, \quad \boldsymbol{\mu}_{\mathrm{EM}} = [0 \ \ 0 \ \ \mu_{\mathrm{EMz}}]^{\mathrm{T}} \\ \boldsymbol{\rho}_{\mathrm{FC}} = [0 \ \ 0 \ \ z_{\mathrm{FC}}]^{\mathrm{T}}, \quad \boldsymbol{\rho}_{\mathrm{EM}} = [0 \ \ 0 \ \ z_{\mathrm{EM}}]^{\mathrm{T}} \end{cases} \tag{5.16}$$

则磁体所受磁通钉扎效应力为

$$F_z = \frac{3\mu_0}{2\pi}\left[\frac{\mu_{\text{EM}z}^2}{16z_{\text{EM}}^4} - \frac{\mu_{\text{FC}z}\mu_{\text{EM}z}}{(z_{\text{EM}} + z_{\text{FC}})^4}\right] \tag{5.17}$$

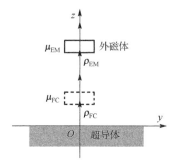

图 5.6　一维磁通钉扎作用

一维磁通钉扎情形下，磁体不受磁通钉扎效应力矩作用。

2.　二维磁通钉扎

二维磁通钉扎如图 5.7 所示：与一维类似，建立固连于超导体的坐标系，坐标系 z 轴正向与超导体平面法向一致，y 轴与超导体平面平行，x 轴与 y、z 两轴构成右手系。

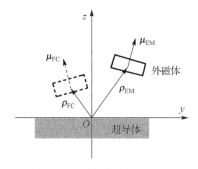

图 5.7　二维磁通钉扎作用

超导体固定，磁体在 yz 平面内平动及绕 x 轴转动，满足

$$\begin{cases} \boldsymbol{\mu}_{\text{FC}} = [0 \quad \mu_{\text{FC}y} \quad \mu_{\text{FC}z}]^{\text{T}}, \quad \boldsymbol{\mu}_{\text{EM}} = [0 \quad \mu_{\text{EM}y} \quad \mu_{\text{EM}z}]^{\text{T}} \\ \boldsymbol{\rho}_{\text{FC}} = [0 \quad y_{\text{FC}} \quad z_{\text{FC}}]^{\text{T}}, \quad \boldsymbol{\rho}_{\text{EM}} = [0 \quad y_{\text{EM}} \quad z_{\text{EM}}]^{\text{T}} \end{cases} \tag{5.18}$$

将式(5.18)代入式(5.2)并结合式(5.3)和式(5.6)，可得磁体受到的磁通钉扎效应力/力矩：

$$\begin{cases} F_y = \dfrac{3\mu_0}{4\pi r_{yz}^7}[\delta_1\mu_{\mathrm{FC}z}\mu_{\mathrm{EM}z} + \delta_2\mu_{\mathrm{FC}y}\mu_{\mathrm{EM}y} + \delta_3(\mu_{\mathrm{FC}z}\mu_{\mathrm{EM}y} - \mu_{\mathrm{FC}y}\mu_{\mathrm{EM}z})] \\[2mm] F_z = \dfrac{3\mu_0}{4\pi r_{yz}^7}[\delta_4\mu_{\mathrm{FC}z}\mu_{\mathrm{EM}z} + \delta_5\mu_{\mathrm{FC}y}\mu_{\mathrm{EM}y} + \delta_6(\mu_{\mathrm{FC}z}\mu_{\mathrm{EM}y} - \mu_{\mathrm{FC}y}\mu_{\mathrm{EM}z})] + \dfrac{3\mu_0}{64\pi z_{\mathrm{EM}}^4}(\mu_{\mathrm{EM}y}^2 + 2\mu_{\mathrm{EM}z}^2) \\[2mm] T_x = \dfrac{\mu_0}{4\pi r_{yz}^5}[\sigma_1(\mu_{\mathrm{FC}z}\mu_{\mathrm{EM}z} + \mu_{\mathrm{FC}y}\mu_{\mathrm{EM}y}) + \sigma_2\mu_{\mathrm{FC}z}\mu_{\mathrm{EM}y} + \sigma_3\mu_{\mathrm{FC}y}\mu_{\mathrm{EM}z}] - \dfrac{\mu_0\mu_{\mathrm{EM}y}\mu_{\mathrm{EM}z}}{32\pi z_{\mathrm{EM}}^3} \end{cases}$$

$$(5.19)$$

式中，r_{yz}、$\delta_i(i=1\sim6)$ 和 $\sigma_j(j=1\sim3)$ 分别为

$$r_{yz} = \sqrt{(y_{\mathrm{EM}} - y_{\mathrm{FC}})^2 + (z_{\mathrm{EM}} + z_{\mathrm{FC}})^2} \tag{5.20}$$

$$\begin{cases} \delta_1 = (y_{\mathrm{EM}} - y_{\mathrm{FC}})^3 - 4(z_{\mathrm{EM}} + z_{\mathrm{FC}})^2(y_{\mathrm{EM}} - y_{\mathrm{FC}}) \\ \delta_2 = 2(y_{\mathrm{EM}} - y_{\mathrm{FC}})^3 - 3(z_{\mathrm{EM}} + z_{\mathrm{FC}})^2(y_{\mathrm{EM}} - y_{\mathrm{FC}}) \\ \delta_3 = (z_{\mathrm{EM}} + z_{\mathrm{FC}})^3 - 4(z_{\mathrm{EM}} + z_{\mathrm{FC}})(y_{\mathrm{EM}} - y_{\mathrm{FC}})^2 \\ \delta_4 = -2(z_{\mathrm{EM}} + z_{\mathrm{FC}})^3 + 3(z_{\mathrm{EM}} + z_{\mathrm{FC}})(y_{\mathrm{EM}} - y_{\mathrm{FC}})^2 \\ \delta_5 = -(z_{\mathrm{EM}} + z_{\mathrm{FC}})^3 + 4(z_{\mathrm{EM}} + z_{\mathrm{FC}})(y_{\mathrm{EM}} - y_{\mathrm{FC}})^2 \\ \delta_6 = (y_{\mathrm{EM}} - y_{\mathrm{FC}})^3 - 4(z_{\mathrm{EM}} + z_{\mathrm{FC}})^2(y_{\mathrm{EM}} - y_{\mathrm{FC}}) \end{cases} \tag{5.21}$$

$$\begin{cases} \sigma_1 = -3(y_{\mathrm{EM}} - y_{\mathrm{FC}})(z_{\mathrm{EM}} + z_{\mathrm{FC}}) \\ \sigma_2 = 2(z_{\mathrm{EM}} + z_{\mathrm{FC}})^2 - (y_{\mathrm{EM}} - y_{\mathrm{FC}})^2 \\ \sigma_3 = 2(y_{\mathrm{EM}} - y_{\mathrm{FC}})^2 - (z_{\mathrm{EM}} + z_{\mathrm{FC}})^2 \end{cases} \tag{5.22}$$

分析式(5.19)～式(5.22)可知，若满足 $\boldsymbol{\rho}_{\mathrm{EM}} = \boldsymbol{\rho}_{\mathrm{FC}}$ 及 $\boldsymbol{\mu}_{\mathrm{FC}} = \boldsymbol{\mu}_{\mathrm{EM}}$，则磁体受到的磁通钉扎效应力/力矩均为零。

3. 数值仿真分析

设场冷位置为 $[0\ 0\ 2]^{\mathrm{T}}\,\mathrm{m}$，场冷磁矩为 $[0\ 0\ 5000]^{\mathrm{T}}\,\mathrm{A}\cdot\mathrm{m}^2$；磁体仅在 yz 平面内相对于场冷平衡位置进行平动及转动，通过数值仿真分析磁通钉扎效应力/力矩的变化规律。这里，定义 z 轴方向为垂向，y 轴方向为横向。

1) 磁通钉扎效应力/力矩与垂向距离的关系

假设磁体在场冷位置附近沿 z 轴方向平动，磁矩矢量始终保持为场冷时刻磁矩。由图 5.8 可知，场冷位置磁通钉扎效应力为零，该位置为磁通钉扎作用的平

衡位置。当磁体处于场冷位置时，冻结镜像与移动镜像位置重叠、磁矩大小相同但方向相反，在场冷位置处产生的总磁场为零。当磁体沿垂向偏离平衡位置时，磁通钉扎效应力 x、y 方向分量仍然为零，z 方向分量表现为回复力效果：当磁体靠近超导体时，磁通钉扎效应力 z 向分量大于零，为排斥力，力的大小随着距离减小而增大；当磁体远离超导体时，磁通钉扎效应力 z 向分量小于零，为吸引力，力的大小随着距离的增加而先增加后减小。同时，由于磁体磁矩矢量与镜像磁偶极子方向一致，磁通钉扎效应力矩为零。

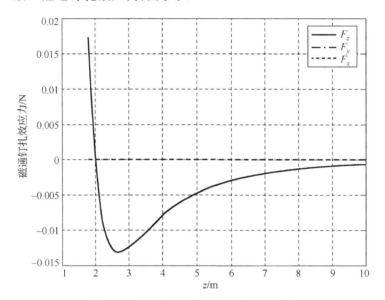

图 5.8　磁通钉扎效应力垂向变化曲线

对垂向距离大于场冷距离时磁通钉扎效应力幅值先增加后减小变化趋势的理论分析：当垂向距离大于场冷距离时，随着垂向距离的增加，镜像磁偶极子产生的吸引力与排斥力都会变小，吸引力始终大于排斥力；在平衡位置一定距离内，排斥力减小幅值大于吸引力减小幅值，使得合力(吸引力减去排斥力)的变化趋势为增加；在平衡位置一定距离外，排斥力减小幅值逐渐小于吸引力减小幅值，使得合力(吸引力减去排斥力)的变化趋势为减小。因此，磁通钉扎效应力整体上表现为先增大后减小。

2)磁通钉扎效应力/力矩与横向分离距离的关系

假设磁体在场冷位置附近沿 y 轴方向平动，磁矩矢量始终保持为场冷时刻磁矩。由图 5.9 可知，当磁体沿横向偏离平衡位置时，受力情况比较复杂：磁通钉扎效应力在 y、z 向分量均不为零，z 向分量始终大于零，表现为排斥效果，随着偏移距离的增加先增大然后趋于平稳；y 向分量表现为回复力效果，随着偏移距离的增加先增大然后迅速减小；磁通钉扎效应力矩 y、z 向分量 T_y、T_z 都为零，而 x 向分量 T_x 不为零，主要原因为当磁体沿横向远离平衡位置时，磁体与冻结镜像磁偶极子的距离逐渐增大，磁体主要受移动镜像磁偶极子的作用。

　　需要指出的是，图 5.9 似乎说明了当磁体沿横向逐渐远离超导体时，磁体会始终受到一个垂向的斥力，这与事实不符，原因是当磁体沿横向逐渐远离超导体时磁体已经不在场冷位置附近，超导平面已不能继续看作无限大平面。

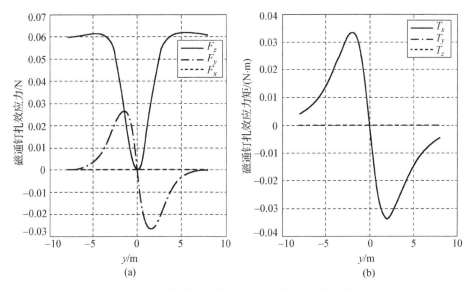

图 5.9　磁通钉扎效应力/力矩横向变化曲线

3) 磁通钉扎效应力/力矩与磁偶极子旋转角度的关系

　　假设磁矩位置不变，磁矩绕 x 轴方向进行旋转，设磁矩矢量与 y 轴正向夹角为 θ，逆时针旋转为正。本算例中，$\theta = \pi/2$ 为被动稳定钉扎方向。由图 5.10 可知，当 $-\pi/2 < \theta < \pi/2$ 时，磁通钉扎效应力矩 x 向分量大于零，将使磁体逆时针旋转，直至 $\theta = \pi/2$，表现为回复力矩效果；当 $\pi/2 < \theta < 3\pi/2$ 时，磁通钉扎效应力矩 x 向分量小于零，将使磁体顺时针旋转，直至 $\theta = \pi/2$，表现为回复力矩效果；磁通钉扎效应力 z 向分量始终大于零，而 y 向分量在 $-\pi/2 < \theta < \pi/2$ 时大于零，在 $\pi/2 < \theta < 3\pi/2$ 时小于零。

　　值得注意的是，当 $\theta = 3\pi/2$ 时表示磁铁磁矩与场冷磁矩反向，这时冻结磁矩和移动磁矩都对磁体产生排斥作用，磁通钉扎效应力 y 向分量为零，z 向分量大于零，磁通钉扎效应力矩为零。因此，可利用外部磁体磁场与场冷磁矩反向的方法实现磁体与超导体分离。

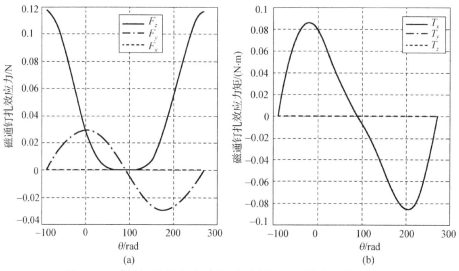

图 5.10　磁通钉扎效应力/力矩随磁偶极子旋转角度变化曲线

5.2.2　磁通钉扎效应力/力矩刚度特性与被动稳定性分析

刚度是材料力学中的概念，可用回复力与形变量的比值来表征，反映材料或结构抵抗变形的能力。磁通钉扎效应力/力矩的回复效果，表现为超导体-外部磁体作用抵抗相对运动状态改变的能力，可类比地定义磁通钉扎刚度并进行分析。

1. 平动刚度分析

场冷时刻，超导体与外部磁体之间不存在磁通钉扎效应力。基于 5.2.1 节描述的平面磁通钉扎效应力，当外部磁体在 yz 平面相对于平衡状态发生小位移时，超导体对外部磁体产生具有回复效果的磁通钉扎作用。仅考虑超导体与外部磁体之间的磁通钉扎作用，假设超导体固定且外部磁体磁矩为常矢量，则磁通钉扎效应力表达式可简化为

$$
\begin{cases}
F_y = \dfrac{3\mu_0}{4\pi r_{yz}^7}(\delta_1 \mu_{\mathrm{FC}z}^2 + \delta_2 \mu_{\mathrm{FC}y}^2) \\[2mm]
F_z = \dfrac{3\mu_0}{4\pi r_{yz}^7}(\delta_4 \mu_{\mathrm{FC}z}^2 + \delta_5 \mu_{\mathrm{FC}y}^2) + \dfrac{3\mu_0}{64\pi z_{\mathrm{EM}}^2}(\mu_{\mathrm{FC}y}^2 + 2\mu_{\mathrm{FC}z}^2)
\end{cases} \tag{5.23}
$$

平动刚度矩阵 $\boldsymbol{K}$ 定义为平面磁通钉扎效应力 $[F_y \quad F_z]^{\mathrm{T}}$ 对 $[y \quad z]^{\mathrm{T}}$ 的雅可比矩阵，即

$$
\boldsymbol{K} = \begin{bmatrix} \dfrac{\partial F_y}{\partial y} & \dfrac{\partial F_y}{\partial z} \\[3mm] \dfrac{\partial F_z}{\partial y} & \dfrac{\partial F_z}{\partial z} \end{bmatrix} = \begin{bmatrix} k_{yy} & k_{yz} \\ k_{zy} & k_{zz} \end{bmatrix} \tag{5.24}
$$

式中，$(k_{yy}, k_{zz}, k_{yz(zy)})$ 分别为横向刚度、垂向刚度及交叉刚度。

通常，将横向刚度与垂向刚度统称为主刚度；交叉刚度接近于零，一般情况下可忽略交叉刚度。给定场冷参数（$y_{FC} = 0.1\text{m}, z_{FC} = 0.4\text{m}, \mu_{FCz} = 5000\text{A} \cdot \text{m}^2, \mu_{FCy} = 0$），图 5.11 与图 5.12 分别给出了磁通钉扎主刚度的横向、垂向变化特性。分析主刚度变化曲线可知，场冷位置附近主刚度为负值；当磁体沿垂向或横向远离场冷位置时，横向刚度先由负向最大值逐渐增大到正向最大值，然后逐渐减小为零，而垂向刚度始终为负值。

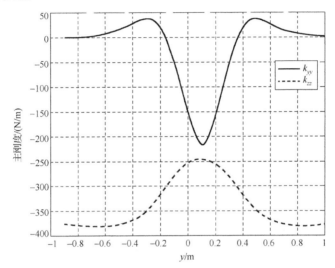

图 5.11　磁通钉扎主刚度横向变化曲线

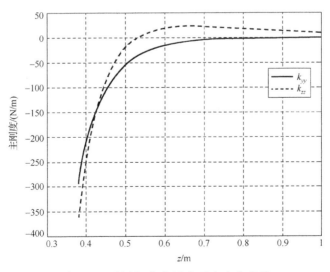

图 5.12　磁通钉扎主刚度垂向变化曲线

2. 旋转刚度分析

仅考虑超导体与外部磁体之间的磁通钉扎作用。假设超导体固定，外部磁体始终处于场冷位置，外部磁体的磁矩大小等于场冷时刻磁矩大小 μ 并保持恒定，指向相对于场冷时刻偏移 θ。采用极坐标形式描述磁矩矢量：

$$\mu_{FCy} = -\mu\sin\theta_{FC}, \quad \mu_{FCz} = \mu\cos\theta_{FC}, \quad \mu_y = -\mu\sin\theta, \quad \mu_z = \mu\cos\theta \tag{5.25}$$

则磁通钉扎效应力矩为

$$T_x = \frac{\mu_0}{32\pi z_{FC}^3}(2\mu_{FCz}\mu_y - \mu_{FCy}\mu_z - \mu_y\mu_z) \tag{5.26}$$

旋转刚度定义为

$$k_{x\theta} = \frac{\partial \tau_x}{\partial \theta} \tag{5.27}$$

设定仿真参数为

$$z_{FC} = 0.4\text{m}, \quad \mu = 5000\text{A}\cdot\text{m}^2, \quad \theta_{FC} = 0 \tag{5.28}$$

图 5.13 给出了旋转刚度与角度偏移的曲线，分析可知对于任意磁偶极子指向，磁通钉扎旋转刚度始终为负值。

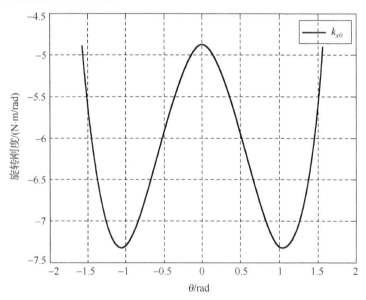

图 5.13　磁通钉扎旋转刚度随磁偶极子指向变化曲线

3. 磁通钉扎被动稳定特性

假设电磁星只受超导星对其产生的磁通钉扎效应力/力矩作用，除此之外不受其他外力和力矩作用。建立与图 5.7 一致的二维平面坐标系，坐标系原点建立在超导星质心。假设超导星位置和姿态固定不变；电磁星位置矢量为 $\boldsymbol{\rho}_{EM}=[0\ y\ z]^{T}$，磁矩矢量大小为 μ；场冷参数为 $\boldsymbol{\mu}_{FC}=[0\ \mu_{FCy}\ \mu_{FCz}]^{T}$ 与 $\boldsymbol{\rho}_{FC}=[0\ y_{FC}\ z_{FC}]^{T}$。按照式 (5.25) 用极坐标表示实时磁矩矢量，其中 θ 为电磁星体坐标系相对于二维平面坐标系的姿态角。根据牛顿第二定律，推导得到电磁星的平动运动方程为

$$\begin{cases} \ddot{y}=(F_{y}+F_{dy}-c_{1}\dot{y})\,/\,m \\ \ddot{z}=(F_{z}+F_{dz}-c_{1}\dot{z})\,/\,m \end{cases} \tag{5.29}$$

式中，磁通钉扎效应力 F_{y} 与 F_{z} 由式 (5.19) 给出；(F_{dy},F_{dz}) 分别为外部干扰力在 y 向和 z 向的分量；c_{1} 为磁通钉扎固有线阻尼系数；m 为电磁星质量。

考虑电磁星为均质球形航天器，转动惯量为 J，根据欧拉姿态动力学方程给出电磁星姿态运动模型为

$$\ddot{\theta}=(T_{x}+\tau_{d}-c_{2}\dot{\theta})\,/\,J \tag{5.30}$$

式中，τ_{d} 为外部干扰力矩在 x 方向的分量；c_{2} 为磁通钉扎固有角阻尼系数。

由于磁通钉扎效应力/力矩的强非线性，很难得到电磁星三自由度运动方程的解析解。为分析电磁星相对于超导星运动的被动稳定性，采用数值方法求解电磁星三自由度运动方程。场冷参数为

$$\mu=5000\,\text{A}\cdot\text{m}^{2}, \quad \theta_{FC}=0, \quad \boldsymbol{\rho}_{FC}=[0\ 0.5\text{m}\ 1\text{m}]^{T} \tag{5.31}$$

电磁星的初始运动状态为

$$\theta_{0}=5°, \quad \boldsymbol{\rho}_{0}=[0\ 0.6\text{m}\ 0.9\text{m}]^{T} \tag{5.32}$$

电磁星的质量和转动惯量为

$$m=50\text{kg}, \quad J=20\text{kg}\cdot\text{m}^{2} \tag{5.33}$$

外部干扰及阻尼系数为

$$\begin{cases} F_{dy}=F_{dz}=2\sin(20t)\times10^{-3}\,\text{N} \\ \tau_{dx}=4\sin(20t)\times10^{-3}\,\text{N}\cdot\text{m} \\ c_{1}=1\text{kg}\,/\,\text{s}\,, \quad c_{2}=1\text{N}\cdot\text{m}\cdot\text{s/rad} \end{cases} \tag{5.34}$$

式中，t 表示时间。

数值仿真得到的电磁星位置及姿态角如图 5.14 和图 5.15 所示。仿真结果表明，

存在初始位置偏差及姿态偏差情形下，由于磁通钉扎效应力/力矩的回复作用，电磁星的位置和姿态均能在有限时间内回复至场冷位置和场冷姿态；位置和姿态偏差收敛到零附近后，由于外部干扰力/力矩的存在，曲线存在微振荡。仿真结果表明了超导星固定、电磁星仅受磁通钉扎作用时存在被动稳定性。

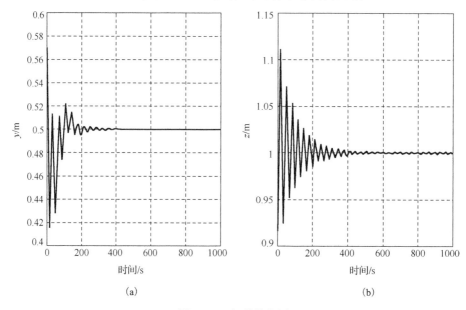

(a)   (b)

图 5.14   电磁星位置

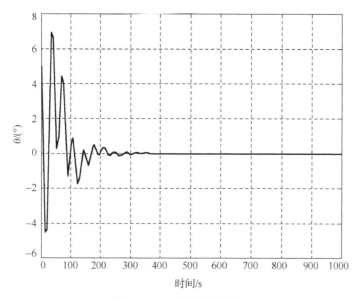

图 5.15   电磁星姿态角

5.2.3　磁通钉扎作用的双星相对轨迹运动建模

约定航天器 1 为超导星，航天器 2 为电磁星，假设姿控系统作用下两星始终满足操控任务的期望姿态要求。超导星装有超导装置，超导材料选用 YBCO 块材，同时装配制冷设备确保其温度低于临界温度；电磁星装有电磁装置，由三个两两正交的线圈组成，通电后可瞬时产生期望方向/大小的磁矩。

记两航天器质量为 (m_1, m_2)，相对于双星质心 O_{CM} 的矢径为 $(\boldsymbol{\rho}_1, \boldsymbol{\rho}_2)$，则两航天器之间相对位置矢量为 $\boldsymbol{\rho} = \boldsymbol{\rho}_2 - \boldsymbol{\rho}_1$。

根据质心定义 $(\boldsymbol{\rho}_1, \boldsymbol{\rho}_2)$，满足

$$\boldsymbol{\rho}_1 = -\frac{m_2}{M}\boldsymbol{\rho}, \quad \boldsymbol{\rho}_2 = \frac{m_1}{M}\boldsymbol{\rho} \tag{5.35}$$

式中，$M = m_1 + m_2$。

对于双星共线构形，利用航天器之间相对距离 $\rho = |\boldsymbol{\rho}|$ 即可描述其构形。此外，共线构形作为一维结构，基于航天器主惯量假设，绕双星质心连线方向的旋转不影响系统构形，则共线构形的空间指向可用相对计算参考系的两个角度表征[5]。

设双星系统质心沿圆轨道运行，计算参考系选取为系统质心处 $\mathcal{H}$ 系。$\mathcal{H}$ 系相对地心惯性 $\mathcal{N}$ 系的旋转角速度在 $\mathcal{H}$ 系的投影为

$$\boldsymbol{\omega}^{\mathcal{H}/\mathcal{N}} = \begin{bmatrix} 0 \\ 0 \\ \sqrt{\mu_{gE} / r_{CM}^3} \end{bmatrix} \tag{5.36}$$

分别针对双星磁通钉扎作用沿径向、切向与法向分布，采用 Kane 方法推导相对平动运动动力学模型。

1.　径向分布

双星相对位置矢量沿 x_B 轴分布，满足 $\boldsymbol{\rho} = \rho \hat{\boldsymbol{x}}_B$。航天器体系（$\mathcal{B}$ 系）可由 $\mathcal{H}$ 系按照 3-2 旋转顺序得到，如图 5.16 所示，旋转角依次为 θ、φ，对应的坐标转换矩阵为

$$^{\mathcal{B}}\boldsymbol{M}^{\mathcal{H}} = \boldsymbol{M}_2(\varphi)\boldsymbol{M}_3(\theta) = \begin{bmatrix} \cos\varphi\cos\theta & \cos\varphi\sin\theta & -\sin\varphi \\ -\sin\theta & \cos\theta & 0 \\ \cos\theta\sin\varphi & \sin\varphi\sin\theta & \cos\varphi \end{bmatrix} \tag{5.37}$$

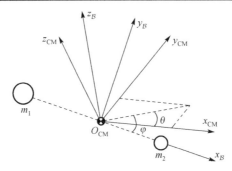

图 5.16　径向分布构形

$\mathcal{B}$ 系相对于 $\mathcal{H}$ 系的角速度在 $\mathcal{B}$ 系的投影为

$$\boldsymbol{\omega}^{\mathcal{B}/\mathcal{H}} = \begin{bmatrix} 0 \\ \dot{\varphi} \\ 0 \end{bmatrix} + \boldsymbol{M}_2(\varphi) \begin{bmatrix} 0 \\ 0 \\ \dot{\theta} \end{bmatrix} = \begin{bmatrix} -\dot{\theta}\sin\varphi \\ \dot{\varphi} \\ \dot{\theta}\cos\varphi \end{bmatrix} \tag{5.38}$$

则 $\mathcal{B}$ 系相对于 $\mathcal{N}$ 系的角速度在 $\mathcal{B}$ 系的投影为

$$\boldsymbol{\omega}^{\mathcal{B}/\mathcal{N}} = \boldsymbol{\omega}^{\mathcal{B}/\mathcal{H}} + {}^{\mathcal{B}}\boldsymbol{M}^{\mathcal{H}} \cdot \boldsymbol{\omega}^{\mathcal{H}/\mathcal{N}}$$

$$= \begin{bmatrix} -(\dot{\theta} + \omega_0)\sin\varphi \\ \dot{\varphi} \\ (\dot{\theta} + \omega_0)\cos\varphi \end{bmatrix} \tag{5.39}$$

式中，ω_0 为质心 CM 轨道运动角速度。

航天器 $i(i = 1,2)$ 的惯性线速度为

$$\boldsymbol{v}_i = \frac{{}^{\mathcal{B}}\mathrm{d}\boldsymbol{\rho}_i}{\mathrm{d}t} + \boldsymbol{\omega}^{\mathcal{B}/\mathcal{N}} \times \boldsymbol{\rho}$$

$$= \begin{bmatrix} \sigma_i\dot{\rho} \\ \sigma_i\rho(\dot{\theta} + \omega_0)\cos\varphi \\ \sigma_i\rho\dot{\varphi} \end{bmatrix} \tag{5.40}$$

式中，$\sigma_1 = -\dfrac{m_2}{M}$；$\sigma_2 = \dfrac{m_1}{M}$。

星间距离 ρ 及方位角 (θ, φ) 可完全表征双星磁通钉扎作用的相对平动运动。定义广义坐标 $\boldsymbol{q} = [\theta \quad \varphi \quad \rho]^{\mathrm{T}}$，基于航天器惯性线速度的形式，定义广义速率为

$$\boldsymbol{u} = [\dot{\theta} + \omega_0 \quad \dot{\varphi} \quad \dot{\rho}]^{\mathrm{T}} \tag{5.41}$$

建立 $\dot{\boldsymbol{q}}$ 与 $\boldsymbol{u}$ 的关系：

$$\dot{\boldsymbol{q}} = \boldsymbol{W}\boldsymbol{u} + \boldsymbol{Z} \tag{5.42}$$

式中，$\boldsymbol{W} = \boldsymbol{I}_{3\times3}$（$\boldsymbol{I}_{3\times3}$ 为 3×3 阶单位矩阵）；$\boldsymbol{Z} = [-\omega_0 \quad 0 \quad 0]^{\mathrm{T}}$。

计算航天器 $i(i=1,2)$ 的偏速度 v_r^i（惯性线速度 v_i 对广义速率第 $r(r=1,2,3)$ 个分量的偏导数）为

$$\begin{cases} v_1^1 = -\sigma_1 q_3 \cos q_2 \hat{y}_B, & v_2^1 = \sigma_1 q_3 \hat{z}_B, & v_3^1 = \sigma_1 \hat{x}_B \\ v_1^2 = -\sigma_2 q_3 \cos q_2 \hat{y}_B, & v_2^2 = \sigma_2 q_3 \hat{z}_B, & v_3^2 = \sigma_2 \hat{x}_B \end{cases} \tag{5.43}$$

Kane 方法中，系统的动力学方程可通过令各广义速率对应的广义主动力与广义惯性力之和为零推导得到。航天器 i 的第 r 个广义惯性力为

$$F_r^* = \sum_{i=1}^{N} m_i \boldsymbol{a}_i \cdot \boldsymbol{v}_r^i = -\frac{1}{2}\sum_{i=1}^{N} m_i \sum_{j=1}^{n}\left(\frac{\mathrm{d}}{\mathrm{d}t}\frac{\partial v_i^2}{\partial \dot{q}_j} - \frac{\partial v_i^2}{\partial q_j}\right) W_{jr} \tag{5.44}$$

式中，v_i 为航天器 i 的惯性线速度幅值；$\boldsymbol{a}_i$ 为航天器 i 的惯性加速度；W_{jr} 为矩阵 $\boldsymbol{W}$ 的第 j 行第 r 列的元素；$N=2$；$n=3$。

由式 (5.40) 计算惯性线速度并代入式 (5.44)，可得 3 个广义惯性力为

$$\begin{cases} F_1^* = \dfrac{m_1 m_2}{M}(2u_1 u_2 q_3^2 \sin q_2 \cos q_2 - \dot{u}_1 q_3^2 \cos^2 q_2 - 2u_1 u_3 q_3 \cos^2 q_2) \\ F_2^* = \dfrac{m_1 m_2}{M}(-2u_2 u_3 q_3 - \dot{u}_2 q_3^2 - u_1^2 q_3^2 \sin q_2 \cos q_2) \\ F_3^* = \dfrac{m_1 m_2}{M}(q_3 u_2^2 - \dot{u}_3 + q_3 u_1^2 \cos^2 q_2) \end{cases} \tag{5.45}$$

航天器 i 的第 r 个广义主动力为

$$F_r = \sum_{i=1}^{N} \boldsymbol{R}_i \cdot \boldsymbol{v}_r^i \tag{5.46}$$

式中，$\boldsymbol{R}_i$ 为航天器 i 所受合外力，包括地球引力、星间磁通钉扎效应力与外界干扰力。

航天器 i 所受地球引力在 $\mathcal{B}$ 系的投影为

$$\boldsymbol{F}_{gi} = -\frac{\mu_{gE} m_i}{r_i^3}\begin{bmatrix} r_{CM}\cos q_2 \cos q_1 + \sigma_i q_3 & -r_{CM}\sin q_1 & r_{CM}\sin q_2 \cos q_1 \end{bmatrix}^{\mathrm{T}} \tag{5.47}$$

式中，$r_i = (r_{CM}^2 + 2\sigma_i r_{CM} q_3 \cos q_2 \cos q_1 + \sigma_i^2 q_3^2)^{1/2}$。

记航天器 1 所受磁通钉扎效应力在 $\mathcal{B}$ 系的投影为

$$\boldsymbol{F}_{21}^{FP} = \begin{bmatrix} F_x^{FP} & F_y^{FP} & F_z^{FP} \end{bmatrix}^{\mathrm{T}} \tag{5.48}$$

进而有

$$\begin{cases} \boldsymbol{R}_1 = \boldsymbol{F}_{g1} + \boldsymbol{F}_{21}^{FP} \\ \boldsymbol{R}_2 = \boldsymbol{F}_{g2} - \boldsymbol{F}_{21}^{FP} \end{cases} \tag{5.49}$$

将式(5.43)和式(5.49)代入式(5.46)，可得

$$
\begin{cases}
F_1 = \dfrac{\mu_{gE} m_1 m_2}{M} r_{CM} q_3 \sin q_1 \cos q_2 \left(\dfrac{1}{r_1^3} - \dfrac{1}{r_2^3} \right) + q_3 \cos q_2 F_y^{FP} \\[3mm]
F_2 = \dfrac{\mu_{gE} m_1 m_2}{M} r_{CM} q_3 \sin q_2 \cos q_1 \left(\dfrac{1}{r_1^3} - \dfrac{1}{r_2^3} \right) - q_3 F_z^{FP} \\[3mm]
F_3 = \dfrac{\mu_{gE} m_1 m_2}{M} r_{CM} \cos q_1 \cos q_2 \left(\dfrac{1}{r_1^3} - \dfrac{1}{r_2^3} \right) - \dfrac{\mu_{gE} m_1 m_2}{M^2} q_3 \left(\dfrac{m_2}{r_1^3} + \dfrac{m_1}{r_2^3} \right) - F_x^{FP}
\end{cases} \tag{5.50}
$$

Kane 方程列写为 $F_r^* + F_r = 0$，代入式(5.45)与式(5.50)，求解 $(\dot{u}_1, \dot{u}_2, \dot{u}_3)$ 可得

$$
\begin{cases}
\dot{u}_1 = -\dfrac{1}{c_2 q_3}\left[\mu_{gE} r_{CM} s_1 \left(\dfrac{1}{r_1^3} - \dfrac{1}{r_2^3} \right) + 2 c_2 u_1 u_3 - 2 s_2 q_3 u_1 u_2 + \dfrac{M}{m_1 m_2} F_y^{FP} \right] \\[3mm]
\dot{u}_2 = -\dfrac{1}{q_3}\left[\mu_{gE} r_{CM} c_1 s_2 \left(\dfrac{1}{r_1^3} - \dfrac{1}{r_2^3} \right) + 2 u_2 u_3 + s_2 c_2 q_3 u_1^2 - \dfrac{M}{m_1 m_2} F_z^{FP} \right] \\[3mm]
\dot{u}_3 = \mu_{gE}\left[r_{CM} c_1 c_2 \left(\dfrac{1}{r_1^3} - \dfrac{1}{r_2^3} \right) - \dfrac{q_3}{M} \left(\dfrac{m_2}{r_1^3} + \dfrac{m_1}{r_2^3} \right) \right] + q_3 u_2^2 + c_2^2 q_3 u_1^2 - \dfrac{M}{m_1 m_2} F_x^{FP}
\end{cases} \tag{5.51}
$$

式中，$s_i = \sin q_i$；$c_i = \cos q_i$。

如考虑双星均受到外界干扰作用，记 $\Delta f^d = f_2^d - f_1^d$ 为作用于两航天器的外界干扰加速度之差，则 $(\dot{u}_1, \dot{u}_2, \dot{u}_3)$ 为

$$
\begin{cases}
\dot{u}_1 = -\dfrac{1}{c_2 q_3}\left[\mu_{gE} r_{CM} s_1 \left(\dfrac{1}{r_1^3} - \dfrac{1}{r_2^3} \right) + 2 c_2 u_1 u_3 - 2 s_2 q_3 u_1 u_2 + \dfrac{M}{m_1 m_2} F_y^{FP} - \Delta f_y^d \right] \\[3mm]
\dot{u}_2 = -\dfrac{1}{q_3}\left[\mu_{gE} r_{CM} c_1 s_2 \left(\dfrac{1}{r_1^3} - \dfrac{1}{r_2^3} \right) + 2 u_2 u_3 + s_2 c_2 q_3 u_1^2 - \dfrac{M}{m_1 m_2} F_z^{FP} + \Delta f_z^d \right] \\[3mm]
\dot{u}_3 = \mu_{gE}\left[r_{CM} c_1 c_2 \left(\dfrac{1}{r_1^3} - \dfrac{1}{r_2^3} \right) - \dfrac{q_3}{M} \left(\dfrac{m_2}{r_1^3} + \dfrac{m_1}{r_2^3} \right) \right] + q_3 u_2^2 + c_2^2 q_3 u_1^2 - \dfrac{M}{m_1 m_2} F_x^{FP} - \Delta f_x^d
\end{cases} \tag{5.52}
$$

至此，式(5.42)和式(5.52)共同构成了磁通钉扎作用双星径向分布相对平动运动动力学模型。

2. 切向分布

对于切向分布构形，双星相对位置矢量沿 y_B 轴分布，有 $\boldsymbol{\rho} = \rho \hat{\boldsymbol{y}}_B$。绕双星质心连线方向的旋转角 φ 可忽略，$\mathcal{B}$ 系可由 $\mathcal{H}$ 系按照 3-1 旋转顺序得到，如图 5.17 所示，旋转角依次为 (θ, ψ)。

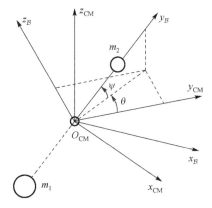

图 5.17　切向分布构形

切向构形中，星间距离 ρ 及方位角 (θ, ψ) 可完全表征双星相对平动运动。定义广义坐标 $\boldsymbol{q} = [\theta \quad \psi \quad \rho]^{\mathrm{T}}$，基于航天器惯性线速度形式，定义广义速率为 $\boldsymbol{u} = [\dot{\theta} + \omega_0 \quad \dot{\psi} \quad \dot{\rho}]^{\mathrm{T}}$。利用与径向分布同样的建模方法可得磁通钉扎作用双星切向分布相对平动运动动力学方程为

$$
\begin{cases}
\dot{q}_1 = u_1 - \omega_0 \\
\dot{q}_2 = u_2 \\
\dot{q}_3 = u_3 \\
\dot{u}_1 = -\dfrac{1}{c_2 q_3}\left[\mu_{\mathrm{gE}} r_{\mathrm{CM}} s_1 \left(\dfrac{1}{r_1^3} - \dfrac{1}{r_2^3}\right) + 2c_2 u_1 u_3 - 2s_2 q_3 u_1 u_2 + \dfrac{M}{m_1 m_2} F_y^{\mathrm{FP}} - \Delta f_y^d\right] \\
\dot{u}_2 = -\dfrac{1}{q_3}\left[\mu_{\mathrm{gE}} r_{\mathrm{CM}} c_1 s_2 \left(\dfrac{1}{r_1^3} - \dfrac{1}{r_2^3}\right) + 2u_2 u_3 + s_2 c_2 q_3 u_1^2 - \dfrac{M}{m_1 m_2} F_z^{\mathrm{FP}} + \Delta f_z^d\right] \\
\dot{u}_3 = \mu_{\mathrm{gE}}\left[r_{\mathrm{CM}} c_1 c_2 \left(\dfrac{1}{r_1^3} - \dfrac{1}{r_2^3}\right) - \dfrac{q_3}{M}\left(\dfrac{m_2}{r_1^3} + \dfrac{m_1}{r_2^3}\right)\right] + q_3 u_2^2 + c_2^2 q_3 u_1^2 - \dfrac{M}{m_1 m_2} F_x^{\mathrm{FP}} - \Delta f_x^d
\end{cases}
\tag{5.53}
$$

式中，$r_i (i = 1, 2)$ 为

$$
r_i = (r_{\mathrm{CM}}^2 - 2\sigma_i r_{\mathrm{CM}} q_3 \cos q_2 \sin q_1 + \sigma_i^2 q_3^2)^{1/2}
\tag{5.54}
$$

3. 法向分布

对于法向分布构形，双星相对位置矢量沿 z_B 轴分布，有 $\boldsymbol{\rho} = \rho \hat{\boldsymbol{z}}_B$。绕双星质心连线方向的旋转角为 θ 可忽略，$\mathcal{B}$ 系可由 $\mathcal{H}$ 系按照 3-1 旋转顺序得到，如图 5.18 所示，旋转角依次为 (φ, ψ)。

法向构形中，星间距离 ρ 及方位角 (φ, ψ) 可完全表征双星相对轨迹运动。定

义广义坐标为 $\boldsymbol{q}=[\varphi\quad\psi\quad\rho]^{\mathrm{T}}$，广义速率为 $\boldsymbol{u}=[\dot{\varphi}\quad\dot{\psi}\quad\dot{\rho}]^{\mathrm{T}}$。

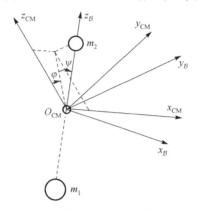

图 5.18　法向分布构形

利用与径向分布同样的建模方法可得磁通钉扎作用双星法向分布相对平动运动动力学方程为

$$
\begin{cases}
\dot{q}_1 = u_1 \\
\dot{q}_2 = u_2 \\
\dot{q}_3 = u_3 \\
\dot{u}_1 = \dfrac{1}{c_2 q_3}\left[\mu_{\mathrm{gE}} r_{\mathrm{CM}} c_1\left(\dfrac{1}{r_1^3}-\dfrac{1}{r_2^3}\right) - 2(c_2 u_1 u_3 - s_2 q_3 u_1 u_2 + \omega_0 c_1 c_2 u_2 q_3 + \omega_0 c_1 s_2 u_3) + \omega_0^2 s_1 c_1 c_2 q_3 - \dfrac{M}{m_1 m_2}F_x^{\mathrm{FP}} + \Delta f_x^d\right] \\
\dot{u}_2 = -\dfrac{1}{q_3}\left[\mu_{\mathrm{gE}} r_{\mathrm{CM}} s_1 s_2\left(\dfrac{1}{r_1^3}-\dfrac{1}{r_2^3}\right) - (2\omega_0 s_1 u_3 - 2u_2 u_3 - s_2 c_2 q_3 u_1^2)\ (2\omega_0 c_1 c_2^2 u_1 q_3 + \omega_0^2 c_1^2 s_2 c_2 q_3) - \dfrac{M}{m_1 m_2}F_y^{\mathrm{FP}} + \Delta f_y^d\right] \\
\dot{u}_3 = \mu_{\mathrm{gE}}\left[r_{\mathrm{CM}} s_1 c_2\left(\dfrac{1}{r_1^3}-\dfrac{1}{r_2^3}\right) - \dfrac{q_3}{M}\left(\dfrac{m_2}{r_1^3}+\dfrac{m_1}{r_2^3}\right)\right] + q_3(u_2 - \omega_0 s_1)^2 + q_3(c_2 u_1 + \omega_0 c_1 s_2)^2 - \dfrac{M}{m_1 m_2}F_z^{\mathrm{FP}} + \Delta f_z^d
\end{cases}
$$

(5.55)

式中，$r_i(i=1,2)$ 表达式为

$$
r_i = (r_{\mathrm{CM}}^2 + 2\sigma_i r_{\mathrm{CM}} q_3 \cos q_2 \sin q_1 + \sigma_i^2 q_3^2)^{1/2} \tag{5.56}
$$

5.2.4　相对平衡态存在性与静态构形稳定性分析

动力学系统处于相对平衡态，宏观上表现为磁通钉扎作用双星相对轨道系 $\mathcal{H}$ 静止，即双星在磁通钉扎效应力/力矩作用下实现静态构形。研究相对平衡态存在性与稳定性时，忽略外界扰动及除磁通钉扎效应力之外的主动控制力。首先，配置超导装置参数、场冷参数及电磁星磁矩：以双星径向分布为例，超导星和电磁

星相对于系统固连系 $\mathcal{B}$ 的姿态指向如图 5.19 所示，假设姿控系统作用下始终处于期望姿态；电磁星相对于超导星的位置矢量为 $\boldsymbol{\rho}$；超导星所带超导体平面法向量为 $\hat{\boldsymbol{a}}$，与两星相对位置矢量共线且同向，因而有 $\hat{\boldsymbol{a}} = \boldsymbol{\rho} / |\boldsymbol{\rho}|$。假设场冷时刻电磁星磁矩 $\boldsymbol{\mu}$ 与超导体平面垂直且两星距离为 h；不失一般性，设任意时刻电磁星磁矩在系统固连系的投影为 $\boldsymbol{\mu}_{\mathrm{EM}} = [\mu_x \quad \mu_y \quad \mu_z]^{\mathrm{T}}$。

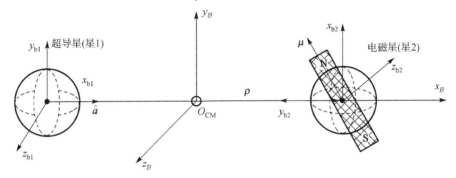

图 5.19 双星相对状态

超导星(星 1)所受磁通钉扎效应力在 $\mathcal{B}$ 系的投影为

$$\begin{cases} \boldsymbol{F}_{21}^{\mathrm{FP}} = \begin{bmatrix} F_x^{\mathrm{FP}} & F_y^{\mathrm{FP}} & F_z^{\mathrm{FP}} \end{bmatrix}^{\mathrm{T}} \\[2mm] F_x^{\mathrm{FP}} = \dfrac{3\mu_0}{4\pi} \left[\dfrac{2\mu_{\mathrm{FC}}\mu_x}{(h+\rho)^4} - \dfrac{2\mu_x^2 + \mu_y^2 + \mu_z^2}{16\rho^4} \right] \\[3mm] F_y^{\mathrm{FP}} = -\dfrac{3\mu_0\mu_{\mathrm{FC}}\mu_y}{4\pi(h+\rho)^4} \\[3mm] F_z^{\mathrm{FP}} = -\dfrac{3\mu_0\mu_{\mathrm{FC}}\mu_z}{4\pi(h+\rho)^4} \end{cases} \tag{5.57}$$

采取类似配置方法，可得切向分布及法向分布下磁通钉扎效应力在 $\mathcal{B}$ 系的投影表达式。切向分布的 $\boldsymbol{F}_{21}^{\mathrm{FP}} = [F_x^{\mathrm{FP}} \quad F_y^{\mathrm{FP}} \quad F_z^{\mathrm{FP}}]^{\mathrm{T}}$，各分量为

$$\begin{cases} F_x^{\mathrm{FP}} = -\dfrac{3\mu_0\mu_{\mathrm{FC}}\mu_x}{4\pi(h+\rho)^4} \\[3mm] F_y^{\mathrm{FP}} = \dfrac{3\mu_0}{4\pi} \left[\dfrac{2\mu_{\mathrm{FC}}\mu_y}{(h+\rho)^4} - \dfrac{2\mu_y^2 + \mu_x^2 + \mu_z^2}{16\rho^4} \right] \\[3mm] F_z^{\mathrm{FP}} = -\dfrac{3\mu_0\mu_{\mathrm{FC}}\mu_z}{4\pi(h+\rho)^4} \end{cases} \tag{5.58}$$

法向分布的 $\boldsymbol{F}_{21}^{\mathrm{FP}} = [F_x^{\mathrm{FP}} \quad F_y^{\mathrm{FP}} \quad F_z^{\mathrm{FP}}]^{\mathrm{T}}$ ，各分量为

$$\begin{cases} F_x^{\mathrm{FP}} = -\dfrac{3\mu_0 \mu_{\mathrm{FC}} \mu_x}{4\pi(h+\rho)^4} \\[3mm] F_y^{\mathrm{FP}} = -\dfrac{3\mu_0 \mu_{\mathrm{FC}} \mu_y}{4\pi(h+\rho)^4} \\[3mm] F_z^{\mathrm{FP}} = \dfrac{3\mu_0}{4\pi}\left[\dfrac{2\mu_{\mathrm{FC}}\mu_z}{(h+\rho)^4} - \dfrac{2\mu_z^2 + \mu_x^2 + \mu_y^2}{16\rho^4} \right] \end{cases} \tag{5.59}$$

1. 相对平衡态存在性

相对平衡态 $(\bar{\boldsymbol{q}},\bar{\boldsymbol{u}})$ 定义为：满足 $(\boldsymbol{q}=\bar{\boldsymbol{q}},\boldsymbol{u}=\bar{\boldsymbol{u}})$ 时，$(\dot{\boldsymbol{q}}=\boldsymbol{0},\dot{\boldsymbol{u}}=\boldsymbol{0})$ 成立。基于该定义，分析三种构形下相对平衡态的存在条件及稳定性。

1）径向分布

在式(5.42)中令 $\dot{\boldsymbol{q}}=\boldsymbol{0}$ ，得

$$\bar{u}_1 = \omega_0, \quad \bar{u}_2 = 0, \quad \bar{u}_3 = 0 \tag{5.60}$$

进一步，由式(5.60)分析可知 x_B 轴与 x_{CM} 轴重合，满足

$$\begin{cases} \bar{q}_1 = \bar{\theta} = 0 \\ \bar{q}_2 = \bar{\varphi} = 0 \end{cases} \tag{5.61}$$

在式(5.51)中令 $\dot{\boldsymbol{u}}=\boldsymbol{0}$ ，得星间磁通钉扎效应力满足

$$\begin{cases} \mu_{\mathrm{gE}}\left[r_{\mathrm{CM}}\left(\dfrac{1}{r_1^3} - \dfrac{1}{r_2^3}\right) - \dfrac{\rho}{M}\left(\dfrac{m_2}{r_1^3} + \dfrac{m_1}{r_2^3}\right) \right] + \rho\omega_0^2 = \dfrac{M}{m_1 m_2} F_x^{\mathrm{FP}} \\ F_y^{\mathrm{FP}} = F_z^{\mathrm{FP}} = 0 \end{cases} \tag{5.62}$$

结合式(5.57)，由式(5.62)可得 $\mu_y = \mu_z = 0$ ，且满足

$$\mu_{\mathrm{gE}}\left[r_{\mathrm{CM}}\left(\dfrac{1}{r_1^3} - \dfrac{1}{r_2^3}\right) - \dfrac{\rho}{M}\left(\dfrac{m_2}{r_1^3} + \dfrac{m_1}{r_2^3}\right) \right] + \rho\omega_0^2 - \dfrac{M}{m_1 m_2}\dfrac{3\mu_0}{4\pi}\left[\dfrac{2\mu_{\mathrm{FC}}\mu_x}{(h+\rho)^4} - \dfrac{2\mu_x^2}{16\rho^4} \right] = 0 \tag{5.63}$$

考虑到 $\bar{\rho} \ll r_{\mathrm{CM}}$ ，将式(5.63)简化为

$$\dfrac{3m_1 m_2 \bar{\rho}\omega_0^2}{M} = \dfrac{3\mu_0}{2\pi}\left[\dfrac{\mu_{\mathrm{FC}}\bar{\mu}_x}{(h+\bar{\rho})^4} - \dfrac{\bar{\mu}_x^2}{16\bar{\rho}^4} \right] \tag{5.64}$$

式中，等号左边表示引力梯度力，为正值；等号右边表示作用于超导星的沿 x_B 轴正向磁通钉扎效应力。因此，式(5.64)可记为 $f(\bar{\rho},\bar{\mu}_x)=0$ ，该方程中含有两个未知数，给定 $\bar{\mu}_x$ 可求解 $\bar{\rho}$ ，给定 $\bar{\rho}$ 可求解 $\bar{\mu}_x$ 。考虑到磁通钉扎效应力的非单调性，当 $\rho > h$ 时磁通钉扎效应力存在最大值，因此相对平衡态存在多解可能。

Case A：给定 $\bar{\mu}_x$ ，求解 $\bar{\rho}$ 。

设磁通钉扎作用的双星质心沿高度 600km 圆轨道运行，电磁星期望平衡态磁矩为 $\bar{\mu}_x = \mu_{FC}$，两星质量为 $m_1 = m_2 = 150\mathrm{kg}$，场冷距离 $h = 1\mathrm{m}$。采用图解法求解平衡态双星距离 $\bar{\rho}$，图 5.20 给出了不同场冷磁矩 μ 取值时，径向分布双星引力梯度力曲线与磁通钉扎效应力曲线，交点代表相对平衡态。由图 5.20 分析可知，在上述 $\bar{\mu}_x$ 取值下，双星径向分布构形存在两个平衡分离距离解 $\bar{\rho}$，其中一个接近场冷距离，另一个大于场冷距离。

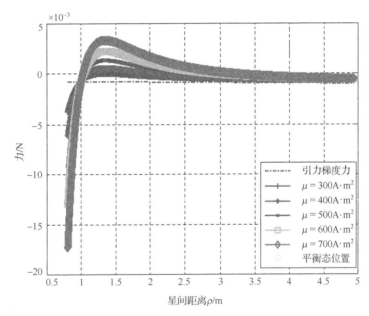

图 5.20　引力梯度力/磁通钉扎效应力与相对平衡态(径向分布)(见彩图)

Case B：给定 $\bar{\rho}$，求解 $\bar{\mu}_x$。

求解式(5.64)可得

$$-\frac{1}{8\bar{\rho}^4}\mu_x^2 + \frac{2\mu_{FC}}{(h+\bar{\rho})^4}\mu_x - \frac{4\pi m_1 m_2 \bar{\rho}\omega_0^2}{\mu_0 M} = 0 \tag{5.65}$$

令 $A = -1/(8\bar{\rho}^4)$，$B = 2\mu_{FC}/(h+\bar{\rho})^4$，$C = -4\pi m_1 m_2 \bar{\rho}\omega_0^2/(\mu_0 M)$。若 $B^2 - 4AC > 0$，则存在两个平衡态磁矩解 $\bar{\mu}_x$；若 $B^2 - 4AC = 0$，则存在一个平衡态磁矩解；若 $B^2 - 4AC < 0$，则不存在平衡态磁矩解。

2) 切向分布

在式(5.53)中令 $\dot{q} = 0$，得

$$\bar{u}_1 = \omega_0, \quad \bar{u}_2 = 0, \quad \bar{u}_3 = 0 \tag{5.66}$$

进一步，由式(5.66)分析可知 y_B 轴与 y_{CM} 轴重合，满足

$$\begin{cases} \overline{q}_1 = \overline{\theta} = 0 \\ \overline{q}_2 = \overline{\psi} = 0 \end{cases} \tag{5.67}$$

在式(5.53)中令 $\dot{\boldsymbol{u}} = \boldsymbol{0}$，得星间磁通钉扎效应力满足

$$\begin{cases} \mu_{\mathrm{gE}} \dfrac{\rho}{M} \left(\dfrac{m_2}{r_1^3} + \dfrac{m_1}{r_2^3} \right) + \rho\omega_0^2 = \dfrac{M}{m_1 m_2} F_y^{\mathrm{FP}} \\[3mm] \mu_{\mathrm{gE}} r_{\mathrm{CM}} \left(\dfrac{1}{r_1^3} - \dfrac{1}{r_2^3} \right) = \dfrac{M}{m_1 m_2} F_x^{\mathrm{FP}} \\[3mm] F_z^{\mathrm{FP}} = 0 \end{cases} \tag{5.68}$$

设两星质量相等，则 $r_1 = r_2$，从而 $F_x^{\mathrm{FP}} = 0$，即切向分布只存在 y_B 轴向磁通钉扎效应力。通过与径向分布类似分析，可得切向分布下 y_B 轴的磁通钉扎效应力满足 $F_y^{\mathrm{FP}} \approx 0$ 且 $F_y^{\mathrm{FP}} > 0$。

3）法向分布

在式(5.55)中令 $\dot{\boldsymbol{q}} = \boldsymbol{0}$，可得

$$\overline{u}_1 = 0, \quad \overline{u}_2 = 0, \quad \overline{u}_3 = 0 \tag{5.69}$$

进一步，由式(5.69)分析可知 z_B 轴与 z_{CM} 轴重合，满足

$$\begin{cases} \overline{q}_1 = \overline{\varphi} = 0 \\ \overline{q}_2 = \overline{\psi} = 0 \end{cases} \tag{5.70}$$

在式(5.55)中令 $\dot{\boldsymbol{u}} = \boldsymbol{0}$，可得星间磁通钉扎效应力满足

$$\begin{cases} -\mu_{\mathrm{gE}} \dfrac{\rho}{M} \left(\dfrac{m_2}{r_1^3} + \dfrac{m_1}{r_2^3} \right) = \dfrac{M}{m_1 m_2} F_z^{\mathrm{FP}} \\[3mm] \mu_{\mathrm{gE}} r_{\mathrm{CM}} \left(\dfrac{1}{r_1^3} - \dfrac{1}{r_2^3} \right) = \dfrac{M}{m_1 m_2} F_x^{\mathrm{FP}} \\[3mm] F_y^{\mathrm{FP}} = 0 \end{cases} \tag{5.71}$$

假设两星质量相等，则 $r_1 = r_2$，从而 $F_x^{\mathrm{FP}} = 0$，即法向分布下仅存在 z_B 轴的磁通钉扎效应力，满足

$$-\frac{m_1 m_2}{M} \overline{\rho}\omega_0^2 = \frac{3\mu_0}{2\pi} \left[\frac{\mu_{\mathrm{FC}} \overline{\mu}_z}{(h + \overline{\rho})^4} - \frac{\overline{\mu}_z^2}{16\overline{\rho}^4} \right] \tag{5.72}$$

式中，等号左边表示引力梯度力；等号右边表示作用于超导星沿 z_B 轴负向的磁通

钉扎效应力。式 (5.72) 记为 $f\left(\bar{\rho}, \bar{\mu}_z\right)=0$，该方程中含有两个未知数，给定 $\bar{\mu}_z$ 可求解 $\bar{\rho}$，给定 $\bar{\rho}$ 可求解 $\bar{\mu}_z$。

Case A：给定 $\bar{\mu}_x$，求解 $\bar{\rho}$。

采用与径向分布同样的分析方法，设双星质心沿高度 600km 圆轨道运行，电磁星期望平衡态磁矩为 $\bar{\mu}_z=\mu_{\mathrm{FC}}$，两星质量为 $m_1=m_2=150\mathrm{kg}$，场冷距离 $h=1\mathrm{m}$。图 5.21 给出不同的 μ_{FC} 取值时，法向分布的双星引力梯度力曲线与磁通钉扎效应力曲线，交点代表相对平衡态。分析可知，给定 $\bar{\mu}_z$ 取值，双星法向分布构形仅存在一个平衡分离距离解 $\bar{\rho}$，接近于场冷距离。

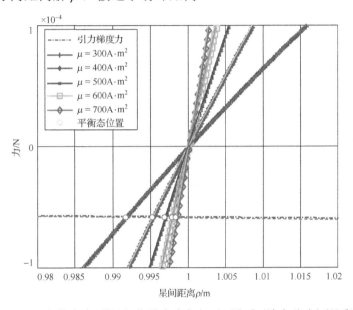

图 5.21　引力梯度力/磁通钉扎效应力与相对平衡态(法向分布)(见彩图)

Case B：给定 $\bar{\rho}$，求解 $\bar{\mu}_z$。

在式 (5.72) 中令 $\rho=\bar{\rho}$，可得

$$-\frac{1}{8\bar{\rho}^4}\bar{\mu}_z^2+\frac{2\mu_{\mathrm{FC}}}{(h+\bar{\rho})^4}\bar{\mu}_z+\frac{4\pi m_1 m_2\bar{\rho}\omega_0^2}{3\mu_0 M}=0 \tag{5.73}$$

令 $A=-1/(8\bar{\rho}^4)$，$B=2\mu_{\mathrm{FC}}/(h+\bar{\rho})^4$，$C=4\pi m_1 m_2\bar{\rho}\omega_0^2/(3\mu_0 M)$。此时，$B^2-4AC>0$ 恒成立，因此始终存在两个平衡态磁矩解 $\bar{\mu}_z$。

2. 静态构形稳定性

基于平衡态附近的小扰动假设，可将已建立的非线性动力学模型在平衡态 $(\bar{q},\bar{u})$ 处进行泰勒级数展开，忽略高阶项，得到线性化模型为

$$\Delta \dot{\boldsymbol{g}} = \boldsymbol{A}\Delta \boldsymbol{g} + \boldsymbol{B}\Delta \boldsymbol{u}_c \tag{5.74}$$

式中，$\Delta \boldsymbol{g} = [\Delta \boldsymbol{q}^{\mathrm{T}} \ \ \Delta \boldsymbol{u}^{\mathrm{T}}]^{\mathrm{T}}$，为状态变量 $\boldsymbol{g} = [\boldsymbol{q}^{\mathrm{T}} \ \ \boldsymbol{u}^{\mathrm{T}}]^{\mathrm{T}}$ 与平衡状态 $\overline{\boldsymbol{g}} = [\overline{\boldsymbol{q}}^{\mathrm{T}} \ \ \overline{\boldsymbol{u}}^{\mathrm{T}}]^{\mathrm{T}}$ 的偏差；$\Delta \boldsymbol{u}_c$ 为控制变量 $\boldsymbol{u}_c$ 与标称控制 $\overline{\boldsymbol{u}}_c$ 的偏差；$\boldsymbol{A}$ 为状态矩阵；$\boldsymbol{B}$ 为输入矩阵，可由相对平衡态 $\overline{\boldsymbol{g}}$ 处的雅可比矩阵计算：

$$\boldsymbol{A} = \left.\frac{\partial \dot{\boldsymbol{g}}}{\partial \boldsymbol{g}^{\mathrm{T}}}\right|_{\overline{\boldsymbol{g}},\overline{\boldsymbol{u}}_c}, \quad \boldsymbol{B} = \left.\frac{\partial \dot{\boldsymbol{g}}}{\partial \boldsymbol{u}_c^{\mathrm{T}}}\right|_{\overline{\boldsymbol{g}},\overline{\boldsymbol{u}}_c} \tag{5.75}$$

基于线性化系统方程 (5.74)，状态矩阵 $\boldsymbol{A}$ 的特征值可用于判断静态构形的稳定性，再综合输入矩阵 $\boldsymbol{B}$ 可判断该构形的能控性。由于矩阵 $(\boldsymbol{A}, \boldsymbol{B})$ 维数大、形式复杂，这里分别讨论三种静态构形，采用数值方法进行分析。

1) 径向分布

设双星质心沿高度 600km 的圆轨道运行，双星构成径向分布构形，电磁星期望平衡态磁矩为 $\overline{\mu}_x = \mu_{\mathrm{FC}} = 500 \ \mathrm{A \cdot m^2}$，$\overline{\mu}_y = \overline{\mu}_z = 0$；两星质量为 $m_1 = m_2 = 100 \mathrm{kg}$，场冷距离 $h = 1\mathrm{m}$；$\boldsymbol{u}_c$ 选取为电磁星磁矩矢量 $\boldsymbol{\mu}_{\mathrm{EM}}$。通过二分法求解相对平衡态条件，可得 $\overline{\rho}$ 存在两解 (分别对应平衡态 1 与平衡态 2)：

$$\overline{\rho}_1 = 1.0099\mathrm{m}, \quad \overline{\rho}_2 = 2.9084\mathrm{m} \tag{5.76}$$

图 5.22 给出了广义速率导数 $\dot{u}_3$ 随双星质心距离 ρ 的变化曲线，并标出了两个平衡态位置。

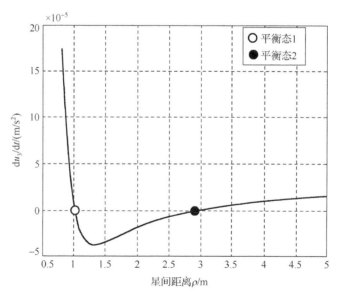

图 5.22　广义速率导数 (径向分布)

两个平衡态对应的线性化系统特征值分布情况计算如图 5.23 所示。

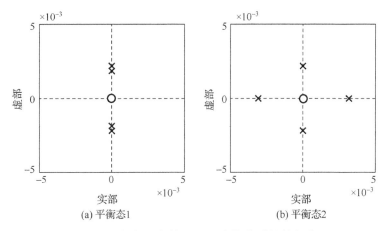

(a) 平衡态1　　　　　　　　　　(b) 平衡态2

图 5.23　径向分布构形开环线性化系统特征值

由两个平衡态对应的特征值分布情况可看出，平衡态 1 特征值全为纯虚数，不存在右半复平面的特征值，开环系统临界稳定；平衡态 2 存在右半复平面的特征值，开环系统不稳定。图 5.24 和图 5.25 分别给出了两个平衡态对应线性化系统对平衡态附近小扰动的开环动态响应。

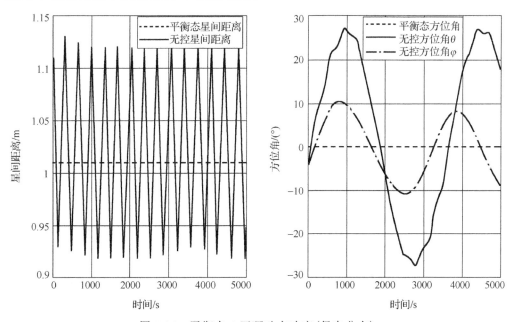

图 5.24　平衡态 1 开环动态响应(径向分布)

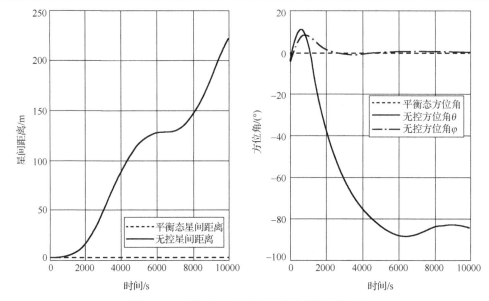

图 5.25 平衡态 2 开环动态响应(径向分布)

图 5.24 表明,平衡态 1 靠近场冷位置,在磁通钉扎被动稳定作用下,双星距离和方位角在初始偏差情况下以近似等幅振荡的形式保持不发散;如考虑磁通钉扎效应力的固有阻尼特性,在磁通钉扎效应力中加入线性阻尼项,双星距离和方位角的变化趋势应为衰减振荡,此时磁通钉扎效应力可等效为弹簧-阻尼系统。图 5.25 表明,平衡态 2 远离场冷位置,由于磁通钉扎效应力的强非线性,在远离场冷位置处磁通钉扎效应力发生剧烈衰减,相对状态在初始偏差情况下无法回复到平衡状态,需设计反馈控制律以确保系统闭环稳定。

式(5.74)表示的线性化系统为定常系统,可采用秩判据分析系统能控性。构造能控性判别矩阵 $\boldsymbol{C}$,则线性系统完全能控的充要条件为

$$\text{rank}(\boldsymbol{C}) = \text{rank}([\boldsymbol{B} \quad \boldsymbol{AB} \quad \boldsymbol{A}^2\boldsymbol{B} \quad \cdots \quad \boldsymbol{A}^{n-1}\boldsymbol{B}]) = n \tag{5.77}$$

式中, n 为状态向量维数。

通过数值仿真发现, $\boldsymbol{u}_{\mathrm{c}}$ 无论选取为星间磁通钉扎效应力 $\boldsymbol{F}_{21}^{\mathrm{FP}}$ 还是选取为电磁星磁矩矢量 $\boldsymbol{\mu}_{\mathrm{EM}}$,都满足 $\text{rank}\boldsymbol{C} = 6$,即对应的线性化系统是完全能控的。

2)切向分布

设双星质心沿高度 600km 圆轨道运行,双星构成切向分布构形,电磁星期望平衡态磁矩为 $\bar{\mu}_y = \mu_{\mathrm{FC}} = 500\,\mathrm{A\cdot m}^2$, $\bar{\mu}_x = \bar{\mu}_z = 0$;两星质量为 $m_1 = m_2 = 100\mathrm{kg}$,场冷距离 $h = 1\mathrm{m}$; $\boldsymbol{u}_{\mathrm{c}}$ 选取为电磁星磁矩矢量 $\boldsymbol{\mu}_{\mathrm{EM}}$。通过二分法求解相对平衡态条件可得平衡分离距离 $\bar{\rho}$ 为

$$\bar{\rho}_1 = 1.000035\text{m} \tag{5.78}$$

该平衡态分离距离大于场冷距离但十分靠近场冷距离，符合前面得到的切向分布构形下磁通钉扎效应力 $F_y^{\text{FP}} \approx 0$ 且 $F_y^{\text{FP}} > 0$ 的结论。图 5.26 给出了广义速率导数 $\dot{u}_3$ 随双星质心距离 ρ 的变化曲线，并标出平衡态位置。图 5.27 给出了该平衡态对应的线性化系统特征值分布情况。

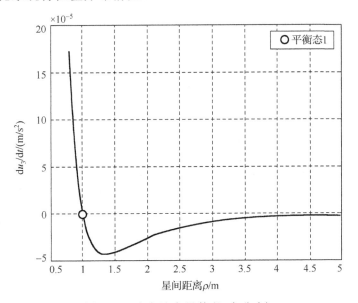

图 5.26　广义速率导数(切向分布)

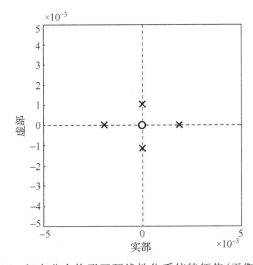

图 5.27　切向分布构形开环线性化系统特征值(平衡态 1)

　　由平衡态对应的特征值分布情况可以看出，存在右半复平面的特征值，开环系统不稳定。图 5.28 给出了对应线性化系统对平衡态附近小扰动的开环动态响应。

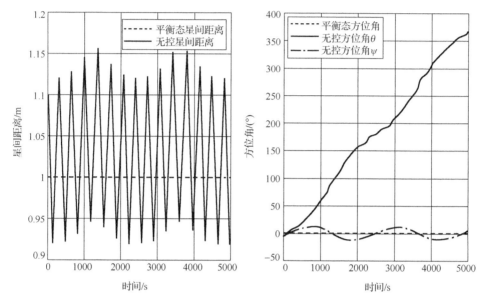

图 5.28　系统开环动态响应（切向分布）

　　图 5.28 表明，对于切向分布构形，在磁通钉扎被动稳定作用下，双星距离和方位角 ψ 存在初始偏差时将以近似等幅振荡形式保持不发散，如考虑磁通钉扎效应力的固有阻尼特性，在磁通钉扎效应力中加入线性阻尼项，双星距离和方位角 ψ 的变化趋势应为衰减振荡。但是，方位角 θ 存在初始偏差时无法回复到平衡状态，需设计反馈控制律以确保系统闭环稳定。

　　进一步，切向分布构形下，$\mathrm{rank}\,\boldsymbol{C}=6$，线性化系统完全能控。

3）法向分布

　　设双星质心沿高度 600km 圆轨道运行，双星构成法向分布构形，电磁星期望平衡态磁矩为 $\bar{\mu}_z = \mu_{\mathrm{FC}} = 500\,\mathrm{A}\cdot\mathrm{m}^2$，$\bar{\mu}_x = \bar{\mu}_y = 0$；两星质量为 $m_1 = m_2 = 100\mathrm{kg}$，场冷距离 $h = 1\mathrm{m}$；$\boldsymbol{u}_c$ 选取为电磁星磁矩矢量 $\boldsymbol{\mu}_{\mathrm{EM}}$。通过二分法求解相对平衡态条件，可得平衡分离距离 $\bar{\rho}$ 为

$$\bar{\rho} = 0.996898\mathrm{m} \tag{5.79}$$

　　分析可知，该平衡态分离距离小于且十分靠近场冷距离，符合从图 5.21 中得到的结论。图 5.29 给出了广义速率导数 $\dot{u}_3$ 随双星质心距离 ρ 的变化曲线。图 5.30 给出了该平衡态对应线性化系统部分特征值分布情况。

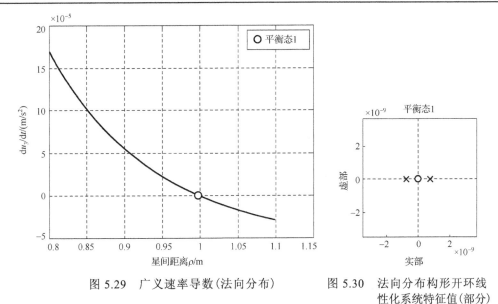

图 5.29　广义速率导数(法向分布)　　　图 5.30　法向分布构形开环线
　　　　　　　　　　　　　　　　　　　　　　　性化系统特征值(部分)

由平衡态对应的特征值分布情况可知，存在右半复平面特征值，开环系统不稳定；但是，不稳定特征值的实部为 10^{-10} 量级，可以忽略，可认为系统开环临界稳定。图 5.31 给出了对应线性化系统平衡态附近小扰动的开环动态响应。

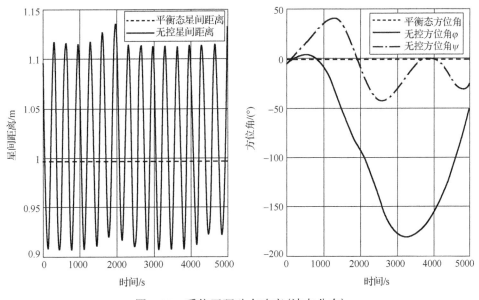

图 5.31　系统开环动态响应(法向分布)

图 5.31 表明，对于法向分布构形，在磁通钉扎被动稳定作用下，双星距离和

方位角存在初始偏差时将近似以等幅振荡的形式保持不发散，如考虑磁通钉扎效应力的固有阻尼特性，在磁通钉扎效应力中加入线性阻尼项，双星距离和方位角的变化趋势应为衰减振荡。

进一步，法向分布构形下，$\mathrm{rank}C = 6$，线性化系统完全能控。

5.3　其他可控星间场力作用

此外，目前还有一些其他可控星间场力也得到初步理论研究，如面向非合作目标的电磁涡流作用、电磁-永磁被动稳定作用等，本节从失效航天器非接触消旋出发，介绍电磁涡流消旋的基本概念与初步控制设计。

5.3.1　电磁涡流消旋基本概念

人类航天活动伊始，科学家就注意到地磁场对航天器自旋的衰减影响：1957年，Rosenstock[6]和 Vinti[7]开展了地球磁场对卫星旋转影响的初步理论分析，开创了基于电磁涡流的卫星消旋效应分析与设计的新纪元；1958 年，Sanduleak 向美国陆军弹道导弹局提交了一份关于金属外壳卫星的磁场涡流消旋分析报告[8]；1959~1960 年，Wilson 和 Lapaz 连续两年在 Science 发表文章，分别介绍了地磁场对 Beta-2 卫星、Vanguard-1 卫星的消旋影响[9,10]。随后，众多研究者开始关注这一研究领域[11-15]，一些研究也开始探讨利用服务卫星自带电磁装置主动对目标卫星进行涡流消旋的可行性[16-18]。然而，由于地磁力矩较弱以及采用常导电磁装置产生可观涡流电磁力矩所需的电源功率、装置质量与体积等需求巨大，该项技术进展缓慢。近十年来，随着超导材料与配套低温控制技术的发展，产生可观涡流电磁力矩所需的电源功率、装置质量与体积需求大幅降低，使得采用星间可控电磁场进行非接触消旋的技术重新成为研究热点，英国的南安普顿大学、美国的肯尼迪空间中心/空军研究实验室/康奈尔大学、中国的哈尔滨工业大学/国防科技大学等机构开展了初步的理论与地面试验研究[19-26]。另外，面向失效卫星采用电磁涡流消旋与拖曳离轨的可行性也得到一定研究[27]。

电磁涡流消旋利用电磁感应技术，通过操控星主控磁场使失效星产生磁致涡流次级磁场，主控磁场与次级磁场之间相互作用产生电磁力/力矩用于操控两星间相对运动。利用电磁感应技术的失效卫星在轨非接触消旋原理如图 5.32 所示[23]，操控星通过伸展机构展开多套电磁装置对失效星形成强主控磁场，失效星旋转导致穿过其本体的磁通发生变化产生涡流电流，进而产生次级磁场，主控磁场与次级磁场相互作用产生失效星消旋所需的磁力矩。

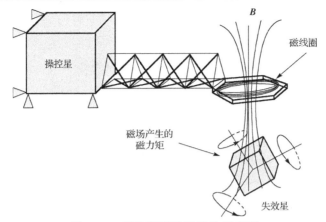

图 5.32　磁致涡流磁场消旋示意图

　　失效星消旋稳定后，可进一步通过主控磁场的交流控制，使穿过失效星的磁通按需变化，产生期望作用力/力矩。进而，综合利用惯性推力及星间可控磁场力/力矩(磁场力/力矩用于操控星非接触稳定连接失效星，惯性推力用于实现操控星/失效星组合体轨道转移)以实现操控星将失效星拖离原先轨道并到达预定轨的目的。

5.3.2　初步控制设计

1. 电磁力/力矩模型

　　建立非接触电磁涡流消旋空间构形如图 5.33 所示。图中，操控星位于坐标原点 O_S，主控磁偶极子 μ_S 沿 $O_S x$ 轴并与失效星旋转轴垂直、与失效星质心相距 d；失效星考虑为球壳形状，半径为 R_T，旋转速度为 ω_T。

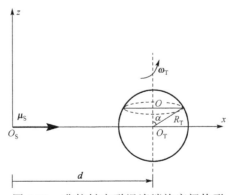

图 5.33　非接触电磁涡流消旋空间构形

　　图 5.33 中，主控磁偶极子 μ_S 在失效星处产生涡流次级磁场的磁矩以及主控磁场-次级磁场相互作用产生的电磁力/力矩为[23,24]

$$
\begin{cases}
\boldsymbol{\mu}_{\mathrm{T}} = \dfrac{2\pi}{3}\sigma_{\mathrm{T}}R_{\mathrm{T}}^{4}e_{\mathrm{T}}(\boldsymbol{\omega}\times\boldsymbol{B}_{\mathrm{T}}) \\[2mm]
\boldsymbol{F}_{\mathrm{TC}} = \dfrac{2\pi}{3}\mu_{\mathrm{eff}}\sigma_{\mathrm{T}}R_{\mathrm{T}}^{4}e_{\mathrm{T}}\boldsymbol{\varLambda}_{\mathrm{T}}(\boldsymbol{\omega}\times\boldsymbol{B}_{\mathrm{T}}) \\[2mm]
\boldsymbol{\tau}_{\mathrm{TC}} = \dfrac{2\pi}{3}\mu_{\mathrm{eff}}\sigma_{\mathrm{T}}R_{\mathrm{T}}^{4}e_{\mathrm{T}}(\boldsymbol{\omega}\times\boldsymbol{B}_{\mathrm{T}})\times\boldsymbol{B}_{\mathrm{T}}
\end{cases}
\tag{5.80}
$$

式中，σ_{T} 为电导率；e_{T} 为球壳厚度；$\boldsymbol{B}_{\mathrm{T}}$ 为 $\boldsymbol{\mu}_{\mathrm{S}}$ 在失效星处产生的磁感应强度矢量；μ_{eff} 为有效因子(用于表征失效星所受磁感应强度矢量的不均匀性)；$\boldsymbol{\varLambda}_{\mathrm{T}}$ 为失效卫星质心处的雅可比张量。μ_{eff} 和 $\boldsymbol{\varLambda}_{\mathrm{T}}$ 计算为

$$
\begin{cases}
\mu_{\mathrm{eff}} = \dfrac{3}{2}\displaystyle\int_{0}^{\pi/2}\dfrac{\boldsymbol{B}_{O}\cdot\boldsymbol{B}_{\mathrm{T}}}{\boldsymbol{B}_{\mathrm{T}}^{2}}\sin^{3}\alpha\,\mathrm{d}\alpha \\[3mm]
\boldsymbol{\varLambda}_{\mathrm{T}} = \dfrac{3\mu_{0}}{4\pi d^{5}}\left[\boldsymbol{\mu}_{\mathrm{S}}\boldsymbol{d}^{\mathrm{T}} + \boldsymbol{d}\boldsymbol{\mu}_{\mathrm{S}}^{\mathrm{T}} + (\boldsymbol{\mu}_{\mathrm{S}}\cdot\boldsymbol{d})\left(\boldsymbol{I} - \dfrac{5}{d^{2}}\boldsymbol{d}\boldsymbol{d}^{\mathrm{T}}\right)\right]
\end{cases}
\tag{5.81}
$$

式中，$\boldsymbol{B}_{O}$ 为图 5.33 中 O 点处的磁感应强度矢量；$\boldsymbol{I}$ 为 3×3 阶单位矩阵。

2. 地磁场影响

由于在轨电磁涡流消旋任务时间较长，一般为几个小时至几十个小时，需考虑地磁场的力矩作用(地磁场的作用力影响较微弱)。地磁场对操控星与失效星的力矩作用为

$$
\begin{cases}
\boldsymbol{\tau}_{\mathrm{ES}} = \boldsymbol{\mu}_{\mathrm{S}}\times\boldsymbol{B}_{\mathrm{E}} = \dfrac{\mu_{0}}{4\pi}\left\{\boldsymbol{\mu}_{\mathrm{S}}\times\left[\dfrac{3\boldsymbol{R}_{\mathrm{ES}}(\boldsymbol{\mu}_{\mathrm{E}}\cdot\boldsymbol{R}_{\mathrm{ES}})}{R_{\mathrm{ES}}^{5}} - \dfrac{\boldsymbol{\mu}_{\mathrm{E}}}{R_{\mathrm{ES}}^{3}}\right]\right\} \\[4mm]
\boldsymbol{\tau}_{\mathrm{ET}} = \boldsymbol{\mu}_{\mathrm{T}}\times\boldsymbol{B}_{\mathrm{E}} = \dfrac{\mu_{0}}{4\pi}\left\{\boldsymbol{\mu}_{\mathrm{T}}\times\left[\dfrac{3\boldsymbol{R}_{\mathrm{ET}}(\boldsymbol{\mu}_{\mathrm{E}}\cdot\boldsymbol{R}_{\mathrm{ET}})}{R_{\mathrm{ET}}^{5}} - \dfrac{\boldsymbol{\mu}_{\mathrm{E}}}{R_{\mathrm{ET}}^{3}}\right]\right\}
\end{cases}
\tag{5.82}
$$

式中，$\boldsymbol{\mu}_{\mathrm{E}}$ 为地磁磁矩，$(\boldsymbol{R}_{\mathrm{ES}},\boldsymbol{R}_{\mathrm{ET}})$ 分别为操控星与失效星的地心距；$\boldsymbol{B}_{\mathrm{E}}$ 为操控星或失效星处地磁感应强度(由于两星相距较近，仅为几米至十几米范围，且相距地心为几千千米，所以两星所受地磁感应强度可认为一致)，在 $O_{\mathrm{S}}(O_{\mathrm{T}})xyz$ 参考系(图 5.34)的投影分量为

$$
\begin{cases}
B_{x} = -\dfrac{R_{\mathrm{E}}^{3}}{r^{3}}\left[g_{1}^{0}\sin\theta - (g_{1}^{1}\cos\lambda + h_{1}^{1}\sin\lambda)\cos\theta\right] \\[3mm]
B_{y} = \dfrac{R_{\mathrm{E}}^{3}}{r^{3}}(g_{1}^{1}\sin\lambda - h_{1}^{1}\cos\lambda) \\[3mm]
B_{z} = \dfrac{2R_{\mathrm{E}}^{3}}{r^{3}}\left[g_{1}^{0}\cos\theta + (g_{1}^{1}\cos\lambda + h_{1}^{1}\sin\lambda)\sin\theta\right]
\end{cases}
\tag{5.83}
$$

其中，r 表示地心距 R_{ES} 或 R_{ET}；R_{E} 为地球平均半径；$(g_{1}^{0},g_{1}^{1},h_{1}^{1})$ 为地磁参数，可通

过每 5 年更新一次的国际地磁参考场(international geomagnetic reference,IGRF)参数表查询;λ 为地理经度;θ 为余纬;$O_E X_E Y_E Z_E$ 为地心赤道坐标系。

对于一般航天任务分析而言,式(5.83)可进一步简化为

$$\begin{cases} B_x = -\dfrac{R_E^3}{r^3} g_1^0 \sin\theta \\[2mm] B_y = 0 \\[2mm] B_z = \dfrac{2R_E^3}{r^3} g_1^0 \cos\theta \end{cases} \qquad (5.84)$$

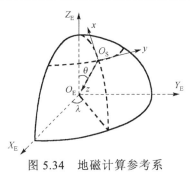

图 5.34 地磁计算参考系

失效星沿其惯量主轴自由旋转,一般沿 $O_S z$ 轴。因此,为利用最大星间电磁力矩对失效星进行消旋的同时尽量减少地磁力矩作用的累积,操控星电磁力矩可设计为 $\boldsymbol{\mu}_S = \mu_S \hat{\boldsymbol{x}}$,将 $\boldsymbol{\mu}_S$ 及式(5.84)代入式(5.82),推导可得操控星的地磁力矩幅值为

$$\|\boldsymbol{\tau}_S\| = \frac{2R_E^3}{r^3} g_1^0 \cos\theta \cdot \mu_S \qquad (5.85)$$

分析式(5.85)可知,$\|\boldsymbol{\tau}_S\|$ 由操控星地心距 r、余纬 θ 以及主控磁偶极子 μ_S 决定,图 5.35 给出了操控星轨道高度/余纬/主控磁偶极子与 0.001N·m 地磁力矩幅值约束之间的关系,分析可知轨道高度越高、轨道倾角越小,操控星所累积的地磁力矩幅值越低。

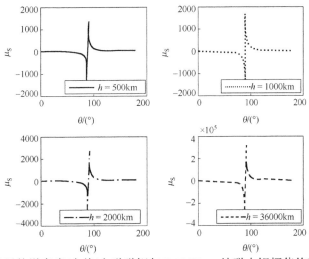

图 5.35 操控星轨道高度/余纬/电磁磁矩与 0.001N·m 地磁力矩幅值约束之间的关系

3. 初步控制设计

对于在轨失效星涡流电磁消旋而言,存在一些共性需求:快速消旋;不产生

额外的干扰力作用于失效星(干扰力会引起失效星平动,不利于快速消旋);操控星与失效星较少累积地磁力矩。因此,采用"二对一"模式(图 5.36)进行电磁涡流消旋控制设计:操控星伸出连接杆,其两端安装有两套物理参数一致的电磁线圈,两电磁线圈通电相同,产生磁感应强度矢量都为 $\boldsymbol{\mu}_S$,电磁线圈与失效星相距 d。

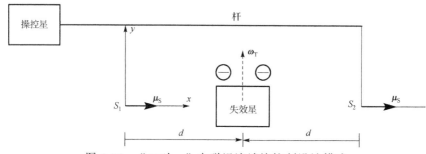

图 5.36　"二对一"电磁涡流消旋控制设计模式

对于图 5.36 所示的控制模式,失效星磁致涡流产生次级磁场的磁感应强度矢量为

$$\boldsymbol{\mu}_T = \boldsymbol{\mu}_{T1} + \boldsymbol{\mu}_{T2} = -\frac{\mu_0 \sigma_T R_T^4 e_T \omega_T \mu_S}{d^3} \hat{\boldsymbol{\omega}}_T \times \hat{\boldsymbol{\mu}}_S \tag{5.86}$$

式中,ω_T 为旋转角速度;$(\boldsymbol{\mu}_{T1}, \boldsymbol{\mu}_{T2})$ 为电磁线圈 (S_1, S_2) 在失效星处产生的次级磁场磁感应强度矢量。

对应的电磁力/力矩为

$$\begin{cases} F_{TxEM} = F_{TxEM-S1} + F_{TxEM-S2} = 0 \\ F_{TyEM} = F_{TyEM-S1} + F_{TyEM-S2} = 0 \\ \tau_{TyEM} = \tau_{TyEM-S1} + \tau_{TyEM-S2} = \mu_0 \mu_S \mu_T / (2\pi d^3) + \mu_0 \mu_S \mu_T / (2\pi d^3) = \mu_0 \mu_S \mu_T / (\pi d^3) \end{cases} \tag{5.87}$$

失效星旋转动力学模型为

$$I_{Ty} \dot{\omega}_T = \tau_{TyEM} \tag{5.88}$$

式中,I_{Ty} 为失效星绕与 y 轴平行体轴的转动惯量。

引入仿真参数:

$$\begin{cases} \mu_0 = 4\pi \times 10^{-7} \text{ T} \cdot \text{m/A} \\ \sigma_T = 2.5 \times 10^7 \text{ S/m} \\ R_T = 2\text{m} \\ e_T = 1 \times 10^{-3} \text{ m} \\ I_{Ty} = 10\text{kg} \cdot \text{m}^2 \\ h = 36000\text{km} \\ i = 20° \end{cases} \tag{5.89}$$

式中,i 为轨道倾角。

与初始旋转角速度：

$$\omega_{T0} = 50^\circ / s \qquad (5.90)$$

及控制参数：

$$\begin{cases} \mu_S = 1 \times 10^4 \, \text{A} \cdot \text{m}^2 \\ d = 5\text{m} \end{cases} \qquad (5.91)$$

　　数值仿真结果如图 5.37 所示。分析可知，该控制策略可在 4h 内将失效星旋转速度从 50°/s 减慢至 10°/s；磁致次级磁场磁矩、星间电磁力/力矩随失效星旋转速度减慢而降低，说明电磁涡流消旋效果是逐渐下降的；作用于操控星的星间电磁力/力矩数值较小，处于常规控制系统的作用范围；电磁力矩远小于星间电磁力矩，可以忽略。

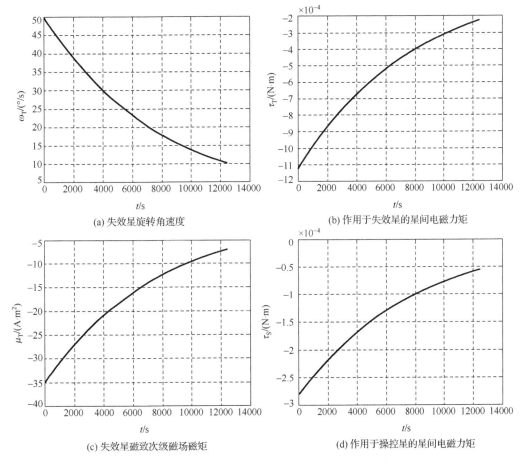

(a) 失效星旋转角速度　　　　　　　　(b) 作用于失效星的星间电磁力矩

(c) 失效星磁致次级磁场磁矩　　　　　　(d) 作用于操控星的星间电磁力矩

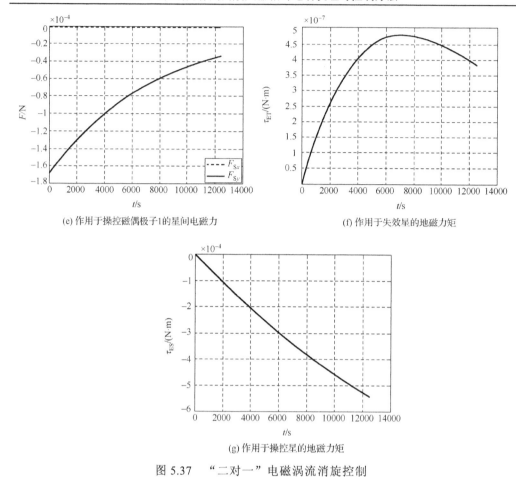

(e) 作用于操控磁偶极子1的星间电磁力　　　　　(f) 作用于失效星的地磁力矩

(g) 作用于操控星的地磁力矩

图 5.37　"二对一"电磁涡流消旋控制

5.4　本　章　小　结

本章阐述磁通钉扎效应力/力矩特性及其作用下航天器间相对运动的动力学拓展与约束，以及电磁涡流消旋机理与初步控制设计。通过本章学习，读者可掌握：磁通钉扎效应力/力矩作用模型建立可基于电磁效应推导，但机理复杂且模型非解析，可基于"受限三磁偶极子"构形及镜像磁偶极子假设，并采用第 4 章远场电磁力方程推导得到解析的、可用于力学特性分析与控制设计的磁通钉扎效应力/力矩作用模型；磁通钉扎效应力/力矩作用具有被动稳定特性，该特性可通过平动刚度、旋转刚度的负值特性体现；磁通钉扎效应力/力矩作用的航天器近距离相对运动存在相对平衡态，双星磁通钉扎作用的 3 类特殊构形(径向、切向、法向)都存在平衡态，但平衡态的数目、分布及其稳定性(仅存在临界稳定或不稳定)不一致。另外，通过模型研究与初步控制设计，说明了面向失效星的在轨电磁涡流消旋是可行的："二对一"控制模式的效果明显、需求可满足。

参 考 文 献

[1] 松下照男, 索红莉, 张子立, 等. 超导体中的磁通钉扎[M]. 北京: 北京大学出版社, 2014.

[2] Shoer J P, Peck M A. A flux-pinned magnet-superconductor pair for close-proximity station keeping and self-assembly of spacecraft[C]. Proceedings of the AIAA Guidance, Navigation and Control Conference, 2007: 1-18.

[3] Shoer J P. Flux-pinned interfaces for the assembly, manipulation, and reconfiguration of modular space systems[C]. Proceedings of the AIAA Guidance, Navigation, and Control Conference, 2008: 1-17.

[4] Kordyuk A A. Magnetic levitation for hard superconductors[J]. Journal of Applied Physics, 1998, 83(1): 610-612.

[5] Natarajan A, Schaub H. Hybrid control of orbit normal and along-track two-craft Coulomb tethers[J]. Aerospace Science and Technology, 2009, 13: 183-191.

[6] Rosenstock H B. The effect of earth's magnetic field on the spin of the satellite[J]. Acta Astronautica, 1957, 101: 215-221.

[7] Vinti J P. Theory of the spin of a conducting space object in the magnetic field of the earth[R]. Aberdeen: Ballistic Research Laboratory, 1957.

[8] Sanduleak N. A generalized approach to the magnetic damping of the spin of a metallic earth satellite[R]. Redstone: Redstone Arsenal, 1958.

[9] Wilson R H. Magnetic damping of rotation of satellite-1958-Beta-2[J]. Science, 1959, 130(3378): 791-793.

[10] Lapaz L, Wilson R H. Magnetic damping of rotation of the Vanguard-1 satellite[J]. Science, 1960, 131(3397): 355-356.

[11] Fischell R E. Magnetic damping of the angular motions of earth orbiting satellites[J]. Journal of the American Rocket Society, 1961, 31(9): 1-5.

[12] Ormsby J F. Eddy Current Torques and Motion Decay on Rotating Shells[M]. New York: Princeton Architectural Press, 1967.

[13] Wilson R H. Magnetic effects on space vehicles and other celestial bodies[J]. Irish Astronomical Journal, 1977, 13(1/2): 1-13.

[14] Smith G L. A theoretical study of the torques induced by a magnetic field on rotating cylinders and spinning thin-wall cones, cone frustums, and general body of revolution[R]. Hampton: NASA

Langley Research Center, 1962.

[15] Williams V, Meadows A J. Eddy current torques, air torques, and the spin decay of cylindrical rocket bodies in orbit[J]. Planet Space Science, 1978, 26: 721-726.

[16] Kadaba P K, Naishadham K. Feasibility of non-contacting electromagnetic de-spinning of a satellite by inducing eddy currents in its skin-part I: Analytical consideration[J]. IEEE Transactions on Magnetics, 1995, 31(4): 2471-2477.

[17] Kadaba P K, Naishadham K. Feasibility of non-contacting electromagnetic de-spinning of a satellite by inducing eddy currents in its skin-part II: Design implementation[J]. IEEE Transactions on Magnetics, 1995, 31(4): 2478-2485.

[18] Levin Y, Silveira F L, Rizato F B. Electromagnetic braking: A simple quantitative model[J]. American Journal of Physics, 2006, 74(9): 815-817.

[19] Sugai F, Abiko S, Tsujita T, et al. Development of an eddy current brake system for detumbling malfunctioning satellites[C]. Proceedings of the IEEE/SICE International Symposium on System Integration, 2012: 325-330.

[20] Sugai F, Abiko S, Tsujita T, et al. De-tumbling an uncontrolled satellite with contactless force by using an eddy current brake[C]. Proceedings of the IEEE/RSJ International Conference on Intelligent Robots and Systems, 2013: 783-788.

[21] Praly N, Petit N, Bonnal C, et al. Study on the eddy current damping of the spin dynamics of spatial debris from the Ariane launcher[C]. Proceedings of the 4th European Conference for Aerospace Sciences, 2011: 1-11.

[22] Praly N, Hillion M, Bonnal C, et al. Study on the eddy current damping of the spin dynamics of space debris from the Ariane launcher upper stages[J]. Acta Astronautica, 2012, 76: 145-153.

[23] Gómez N O, Walker J I. Eddy currents applied to de-tumbling of space debris: Analysis and validation of approximate proposed methods[J]. Acta Astronautica, 2015, 114: 34-53.

[24] Gómez N O, Walker S I, Jankovic M. Control analysis for a contactless de-tumbling method based on eddy currents: Problem definition and approximate proposed solutions[C]. Proceedings of the AIAA SciTech, 2016: 1-25.

[25] Liu X G, Lu Y, Zhou Y, et al. Prospects of using a permanent magnetic end effector to de-spin and de-tumble an uncooperative target[J]. Advances in Space Research, 2018, 61(8): 2147-2158.

[26] Zhang Y W, Zhen M, Yang L P, et al. Dynamics and controller design of contactless electromagnetic de-tumbling for disabled satellite[C]. Proceedings of the 3rd International Conference on Control Science and Systems Engineering, 2017: 1-8.

[27] Reinhardt B, Peck M. Eddy-current space tug[C]. Proceedings of the AIAA Space Conference and Exposition, 2011: 1-11.

第6章　利用星间可控场力作用特点与规律的控制策略与方法

第3～5章分别介绍了星间电场力、磁场力以及磁通钉扎效应力作用下航天器间相对运动的特点与规律，包括动力学守恒、相对平衡态、自对接/自对准、被动稳定性/阻尼等特性。在此基础上，本章继续介绍利用这些动力学特性的新颖航天任务设计与控制方法，目的在于充分利用对象本身特性以实现特殊的、基于航天器相对运动的在轨操控任务，以及尽量减少推进剂消耗以提高航天器任务寿命。

6.1　基于星间可控场力作用相对平衡态的构型重构

如前所述，航天器编队相对平衡态指航天器之间相对状态保持固定，即航天器编队整体可看成刚体；静态编队及自旋编队是在相对平衡态条件下，进一步以某坐标系作为参考，航天器编队刚体相对该坐标系静止或自旋(图 6.1)。星间可控场力作用的航天器编队或集群，理论上受地球引力、星间可控场力等联合作用，通过有效设计星间可控场力大小与方向，可实现满足特定要求的相对平衡态、静态编队以及自旋编队。星间可控场力作用的相对平衡态、静态编队以及自旋编队一定程度上满足临界稳定条件，且完全能控。因此，对于给定的集群构型重构需求，可通过星间可控场力设计得到满足初始构型、期望构型为相对平衡态的控制量(电荷、电流等)，进而通过不变流形设计，使得流形尽量多地经过相对平衡态，得到最大限度利用星间可控场力控制量切换的构型重构方案，较少消耗推进剂，且重构过程具有一定的稳定性。

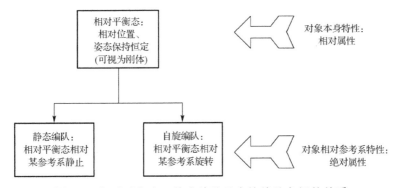

图 6.1　相对平衡态、静态编队及自旋编队之间的关系

本节以两星电磁编队为例，展示通过不变流形设计的构型重构方案，并通过数值仿真算例对其性能予以验证。

6.1.1 两星电磁编队相对平衡态求解

以编队质心 CM 建立计算参考系：原点位于质心 CM，各轴与经典 Hill 坐标系定义一致。电磁航天器 i 相对质心 CM 的位置矢量 $\boldsymbol{r}_i$ 投影到计算参考系的标量形式为 $\boldsymbol{r}_i = (x_i, y_i, z_i)$；$n_{CM}$ 为质心 CM 的轨道角速度；m_i 为航天器 i 的质量；$(F_{ixEM}, F_{iyEM}, F_{izEM})$ 为航天器 i 所受电磁力矢量在计算参考系的投影分量。基于此，根据 Hill 方程推导模式，得到航天器 i 相对质心 CM 运动的动力学模型为

$$\begin{cases} \ddot{x}_i - 2n_{CM}\dot{y}_i - 3n_{CM}^2 x_i = F_{ixEM}/m_i \\ \ddot{y}_i + 2n_{CM}\dot{x}_i = F_{iyEM}/m_i \\ \ddot{z}_i + n_{CM}^2 z_i = F_{izEM}/m_i \end{cases} \tag{6.1}$$

同理，对于航天器 j，其相对质心 CM 运动的动力学模型为

$$\begin{cases} \ddot{x}_j - 2n_{CM}\dot{y}_j - 3n_{CM}^2 x_j = F_{jxEM}/m_j \\ \ddot{y}_j + 2n_{CM}\dot{x}_j = F_{jyEM}/m_j \\ \ddot{z}_j + n_{CM}^2 z_j = F_{jzEM}/m_j \end{cases} \tag{6.2}$$

则航天器 i 与航天器 j 之间相对运动的动力学模型可直接由式(6.1)与式(6.2)相减得出，即

$$\begin{cases} \ddot{x}_{ij} - 2n_{CM}\dot{y}_{ij} - 3n_{CM}^2 x_{ij} = F_{ixEM}/m_i - F_{jxEM}/m_j \\ \ddot{y}_{ij} + 2n_{CM}\dot{x}_{ij} = F_{iyEM}/m_i - F_{jyEM}/m_j \\ \ddot{z}_{ij} + n_{CM}^2 z_{ij} = F_{izEM}/m_i - F_{jzEM}/m_j \end{cases} \tag{6.3}$$

式中，$x_{ij} = x_i - x_j$；$y_{ij} = y_i - y_j$；$z_{ij} = z_i - z_j$。

因此，根据相对平衡态定义 $\dot{x}_{ij} = \ddot{x}_{ij} = \dot{y}_{ij} = \ddot{y}_{ij} = \dot{z}_{ij} = \ddot{z}_{ij} = 0$，由式(6.3)推导可得相对平衡态的必要条件为

$$\begin{cases} -3n_{CM}^2 x_{ij} = F_{ixEM}/m_i - F_{jxEM}/m_j \\ 0 = F_{iyEM}/m_i - F_{jyEM}/m_j \\ n_{CM}^2 z_{ij} = F_{izEM}/m_i - F_{jzEM}/m_j \end{cases} \tag{6.4}$$

进一步，根据静态编队定义 $\dot{x}_i = \ddot{x}_i = \dot{y}_i = \ddot{y}_i = \dot{z}_i = \ddot{z}_i = 0$ 及 $\dot{x}_j = \ddot{x}_j = \dot{y}_j = \ddot{y}_j = \dot{z}_j = \ddot{z}_j = 0$，由式(6.1)和式(6.2)推导可得静态编队的必要条件为

$$\begin{cases} -3n_{CM}^2 x_i = F_{ixEM}/m_i \\ 0 = F_{iyEM}/m_i \\ n_{CM}^2 z_i = F_{izEM}/m_i \end{cases} \tag{6.5}$$

$$\begin{cases} -3n_{CM}^2 x_j = F_{jxEM}/m_j \\ 0 = F_{jyEM}/m_j \\ n_{CM}^2 z_j = F_{jzEM}/m_j \end{cases} \tag{6.6}$$

对比分析式(6.4)～式(6.6)，可知静态编队条件包含了相对平衡态条件。

不失一般性，假设电磁航天器质量一致，以 m 表示。两星质量相等，根据编队系统质心定义满足 $x_i = -x_j$，$y_i = -y_j$，$z_i = -z_j$。进一步，由式(6.5)和式(6.6)分析可得两星电磁静态编队条件为 $F_{ixEM} = -F_{jxEM}$，$F_{iyEM} = -F_{jyEM}$，$F_{izEM} = -F_{jzEM}$；$F_{ixEM} = -3mn_{CM}^2 x_i$，$F_{iyEM} = 0$，$F_{izEM} = mn_{CM}^2 z_i$。因此，要实现静态编队，两电磁航天器需位于 $O_{CM}x_{Hill}z_{Hill}$ 平面，且两磁偶极子磁矩也位于该平面内。

基于 $O_{CM}x_{Hill}z_{Hill}$ 平面，建立电磁力计算参考系 $O_{CM}x_{EM}z_{EM}$（$O_{CM}x_{EM}$ 沿两电磁航天器质心连线，$O_{CM}z_{EM}$ 位于 $O_{CM}x_{Hill}z_{Hill}$ 平面并垂直于 $O_{CM}x_{EM}$ 且满足右手定则），见图 6.2，$O_{CM}x_{Hill}z_{Hill}$ 逆时针旋转 θ 可得到 $O_{CM}x_{EM}z_{EM}$。图 6.2 中，μ_1、μ_2 分别为电磁航天器 1 和 2 的磁矩；α、β 分别为电磁航天器 1 磁矩矢量、电磁航天器 2 磁矩矢量与 $O_{CM}x_{EM}$ 轴的夹角，由 $O_{CM}x_{EM}$ 轴指向磁矩矢量。

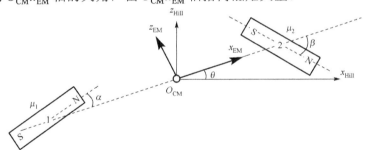

图 6.2　两电磁航天器相对编队质心 Hill 系的静态编队构型

在 $O_{CM}x_{EM}z_{EM}$ 系内，二维电磁力计算公式为

$$\begin{cases} F_{2xEM1} = -\dfrac{3}{4\pi}\dfrac{\mu_0\mu_1\mu_2}{d^4}[\cos(\alpha+\beta)+\cos\alpha\cos\beta] \\ F_{2zEM1} = \dfrac{3}{4\pi}\dfrac{\mu_0\mu_1\mu_2}{d^4}\sin(\alpha+\beta) \end{cases} \tag{6.7}$$

式中，$d = 2\sqrt{x_2^2 + y_2^2}$ 为两电磁航天器之间相对距离。

分析图 6.2 以及前面章节的电磁力表达式可知，设计变量可选为 $\mu_1\mu_2$、α、β、θ，数目为 4；静态编队约束条件为 $F_{2xEM} = -3mn_{CM}^2 x_2$，$F_{2zEM} = mn_{CM}^2 z_2$，数目为 2，且满足

$$\begin{cases} F_{2xEM} = F_{2xEM1}\cos\theta - F_{2zEM1}\sin\theta \\ F_{2zEM} = F_{2xEM1}\sin\theta + F_{2zEM1}\cos\theta \end{cases} \tag{6.8}$$

由于设计变量个数大于约束条件个数，设计变量存在优化空间。进一步，按 $\theta = 0$ 及 $\theta \in (0,\pi) \neq 0$ 两种模式进行分析与设计。

1. $\theta = 0$

$\theta = 0$，意味着两电磁航天器连线沿 $O_{CM}x_{Hill}$ 向，满足 $d = 2x_2$，$F_{2xEM} = F_{2xEM1}$ 及 $F_{2zEM} = F_{2zEM1}$。

由

$$\frac{F_{2zEM}}{F_{2xEM}} = \frac{\sin(\alpha+\beta)}{-[\cos(\alpha+\beta)+\cos\alpha\cos\beta]} = \frac{z_2}{-3x_2} \xRightarrow{z_2=0} \frac{\sin(\alpha+\beta)}{\cos(\alpha+\beta)+\cos\alpha\cos\beta} = 0 \tag{6.9}$$

分析可知，满足 $\alpha + \beta = k\pi\,(k = 0,1)$。因此，给定 α，β 存在 2 个对应解集：

$$\begin{cases} \beta = -\alpha \\ \beta = \pi - \alpha \end{cases} \tag{6.10}$$

将式(6.10)代入静态编队条件，得到 $\mu_1\mu_2$ 与 α 之间满足如下关系式。

(1) $\beta = -\alpha$：

$$\frac{3}{4\pi}\frac{\mu_0\mu_1\mu_2}{(2x_2)^4}[1+\cos\alpha\cos(k\pi-\alpha)] = 3mn_{CM}^2 x_2 \Rightarrow \mu_1\mu_2 = \frac{64\pi mn_{CM}^2 x_2^5}{\mu_0[1+\cos\alpha\cos(k\pi-\alpha)]} \tag{6.11}$$

(2) $\beta = \pi - \alpha$：

$$\frac{3}{4\pi}\frac{\mu_0\mu_1\mu_2}{(2x_2)^4}[-1+\cos\alpha\cos(k\pi-\alpha)] = 3mn_{CM}^2 x_2 \Rightarrow \mu_1\mu_2 = \frac{64\pi mn_{CM}^2 x_2^5}{\mu_0[-1+\cos\alpha\cos(k\pi-\alpha)]} \tag{6.12}$$

由式(6.12)分析可知，$-1+\cos\alpha\cos(k\pi-\alpha) \leq 0$，不满足 $\mu_1\mu_2 > 0$ 的需求，故 $\beta = \pi - \alpha$ 不满足静态编队条件。

因此，对于两电磁航天器沿 $O_{CM}x_{Hill}$ 向模式，相对平衡态求解过程为：

(1)给定 (x_2, z_2)；

(2)选定 α 作为自由变量，设定 α；

(3)按 $\beta = -\alpha$ 设计 β；

(4)按式(6.11)设计 $\mu_1\mu_2$。

2. $\theta \in (0,\pi) \neq 0$

静态编队条件为

$$\frac{F_{2z\text{EM}}}{F_{2x\text{EM}}} = \frac{[\cos(\alpha+\beta)+\cos\alpha\cos\beta]\sin\theta-\sin(\alpha+\beta)\cos\theta}{[\cos(\alpha+\beta)+\cos\alpha\cos\beta]\cos\theta+\sin(\alpha+\beta)\sin\theta} = \frac{z_2}{-3x_2} \qquad (6.13)$$

及

$$\frac{3}{4\pi}\frac{\mu_0\mu_1\mu_2}{d^4}\{[\cos(\alpha+\beta)+\cos\alpha\cos\beta]\cos\theta+\sin(\alpha+\beta)\sin\theta\} = 3mn_{\text{CM}}^2 x_2 \qquad (6.14)$$

因此，对于两电磁航天器位于 $O_{\text{CM}}x_{\text{Hill}}z_{\text{Hill}}$ 平面模式，相对平衡态求解过程为：

(1)给定 (x_2,z_2)；

(2)选定 (θ,α) 作为自由变量，设定 $\theta\in(0,\pi)$ 及 $\alpha\in[0,\pi/2]$；

(3)按式(6.13)设计 β；

(4)按式(6.14)设计 $\mu_1\mu_2$。

通过数值仿真算例予以验证上述设计，设定编队质心 CM 运行轨道高度为 500km；电磁航天器质量 $m=100\text{kg}$，$x_2=0.5\text{m}$，$z_2=0.2\text{m}$。仿真结果如图 6.3～图 6.5 所示。图 6.3 为 $\theta=0$ 的仿真结果，图 6.4 与图 6.5 为 $\theta\neq0$ 的仿真结果。由仿真结果分析可知，对于两电磁航天器沿 $O_{\text{CM}}x_{\text{Hill}}$ 向模式，存在静态编队构型：给定相对位置需求，总存在对应的 $(\alpha,\beta=-\alpha,\mu_1\mu_2)$ 解集；$\alpha\in[0,\pi/2]$ 取值越小，所需的 $\mu_1\mu_2$ 越小，对应电能消耗也越小，$\alpha=0$ 取极大值。对于两电磁航天器位于 $O_{\text{CM}}x_{\text{Hill}}z_{\text{Hill}}$ 平面模式，存在 $\mu_1\mu_2>0$ 的解集，说明通过 $(\theta,\alpha,\beta,\mu_1\mu_2)$ 适当设计，任意构型 (x_2,z_2) 的两星电磁静态编队都是存在的；进一步，对于任意两个构型 $(x_{2\text{Initial}},z_{2\text{Initial}})$ 与 $(x_{2\text{End}},z_{2\text{End}})$ 重构，可通过设计序列静态编队构型，沿着该序列静态编队构型重构。

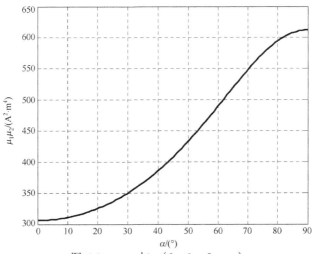

图 6.3　$\mu_1\mu_2$ 与 $\alpha(\theta=0,\ \beta=-\alpha)$

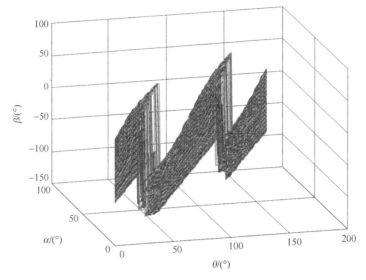

图 6.4 β 与 (α, θ)

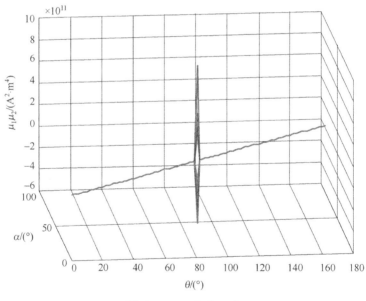

图 6.5 $\mu_1\mu_2$ 与 (α, θ)

6.1.2 基于不变流形的相对平衡态重构优化设计

基于不变流形的优化设计架构如图 6.6 所示。

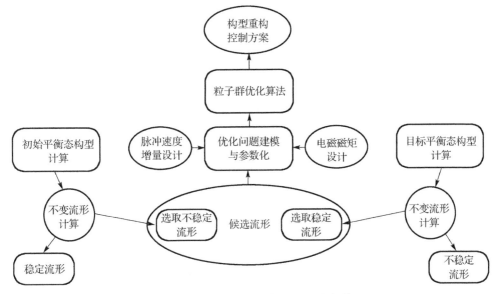

图 6.6　基于不变流形的优化设计架构

1. 动力学建模与归一化设计

设定两电磁航天器编队系统质心运行于圆轨道，动力学建模参考坐标系选取为编队质心 Hill 系 $O_{CM}xyz$（图 6.7）：$O_{CM}x$ 沿 CM 地心距矢量方向，$O_{CM}y$ 沿轨道速度方向，$O_{CM}z$ 与 $O_{CM}x$、$O_{CM}y$ 构成右手直角坐标系。基于 $O_{CM}xyz$ 坐标系，推导得到航天器 $i(i = 1, 2)$ 相对 CM 的平动运动动力学方程为

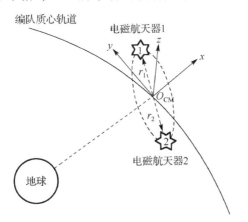

图 6.7　两电磁航天器编队建模参考系与空间构型

$$\ddot{r}_i = \begin{bmatrix} 2n_{CM}\dot{y}_i + 3n_{CM}^2 x_i \\ -2n_{CM}\dot{x}_i \\ -n_{CM}^2 z_i \end{bmatrix} + \frac{F_i^{EM}}{m_i} + u_i \tag{6.15}$$

式中，$r_i = [x_i \quad y_i \quad z_i]^T$ 为航天器 i 相对 CM 的距离矢量在 $O_{CM}xyz$ 坐标系的投影分量；n_{CM} 为 CM 轨道运动角速度；m_i 为航天器 i 质量；u_i 为航天器 i 所受惯性推力（后续以脉冲速度增量表征）；F_i^{EM} 为航天器 i 所受星间可控电磁力，计算为

$$F_1^{EM} = -F_2^{EM}$$

$$= \frac{3\mu_0}{4\pi}\left[\frac{\mu_1 \cdot \mu_2}{r_{21}^5}r_{21} + \frac{\mu_1 \cdot r_{21}}{r_{21}^5}\mu_2 + \frac{\mu_2 \cdot r_{21}}{r_{21}^5}\mu_1 - 5\frac{(\mu_1 \cdot r_{21})(\mu_2 \cdot r_{21})}{r_{21}^7}r_{21}\right] \tag{6.16}$$

式中，$r_{21} = r_1 - r_2$ 为从电磁航天器 2 指向电磁航天器 1 的相对距离矢量，$r_{21} = \|r_{21}\|_2$。

进一步，根据质心 CM 定义 $m_1 r_1 + m_2 r_2 = 0$ 及 $r_{21} = r_1 - r_2$ 定义，可得

$$r_{21} = \frac{m_1 + m_2}{m_2}r_1 \tag{6.17}$$

将式(6.17)代入式(6.16)，可得航天器所受电磁力与其相对 CM 距离矢量的关系式为

$$F_1^{EM} = \frac{3\mu_0 M_1^4}{4\pi}\left[\frac{\mu_1 \cdot \mu_2}{r_1^5}r_1 + \frac{\mu_1 \cdot r_1}{r_1^5}\mu_2 + \frac{\mu_2 \cdot r_1}{r_1^5}\mu_1 - 5\frac{(\mu_1 \cdot r_1)(\mu_2 \cdot r_1)}{r_1^7}r_1\right] \tag{6.18}$$

式中，$M_1 = m_2/(m_1 + m_2)$。

为消除式(6.15)中 n_{CM} 与 n_{CM}^2 量级的差异性，取 $\tau = n_{CM}t$，$\dfrac{dr}{d\tau} = r' = n_{CM}\dfrac{dr}{dt}$，$\dfrac{d^2 r}{d\tau^2} = r'' = n_{CM}^2\dfrac{d^2 r}{dt^2}$ 代入式(6.15)，可得

$$r_i'' = \begin{bmatrix} 2y_i'/n_{CM}^2 + 3x_i \\ -2x_i'/n_{CM}^2 \\ -z_i \end{bmatrix} + \frac{F_i^{EM}}{m_i n_{CM}^2} + \frac{u_i}{n_{CM}^2} \tag{6.19}$$

2. 相对平衡态对应流形求解与重构设计

针对两电磁航天器沿轨道径向、法向及切向分布，给定两电磁航天器间距为 L。对一般动力学系统而言，基于特定状态进行流形计算比较复杂，很难得到解析解；本节采用近似方法进行流形计算。基于 $m_1 r_1 + m_2 r_2 = \mathbf{0}$，选取系统状态为 $X = [x_1 \quad y_1 \quad z_1 \quad x_1' \quad y_1' \quad z_1']^T$；由两电磁航天器相距 L、径向/法向/切向分布及对应的相对平衡态条件可求解得出相对平衡态 X^*。在相对平衡态 X^* 处线性化方

程 (6.19)，得到两电磁航天器编队相对 $\boldsymbol{X}^*$ 的线性化模型为

$$\begin{cases} \delta\dot{\boldsymbol{X}}(\tau) = \boldsymbol{A}\cdot\delta\boldsymbol{X}(\tau) \\ \boldsymbol{A}(\tau) = \begin{bmatrix} \boldsymbol{0}_{3\times3} & \boldsymbol{I}_{3\times3} \\ \boldsymbol{B} & \boldsymbol{G} \end{bmatrix}, \quad \boldsymbol{G} = \begin{bmatrix} 0 & 2 & 0 \\ -2 & 0 & 0 \\ 0 & 0 & 0 \end{bmatrix} \end{cases} \quad (6.20)$$

式中，根据径向、法向及切向相对平衡态模式，3×3 阶矩阵 $\boldsymbol{B}$ 具有如下形式。

(1) 径向相对平衡态：

$$\boldsymbol{B} = \begin{bmatrix} 15 & 0 & 0 \\ 0 & -KP-6 & KP_1 \\ 0 & KP_1 & KP-7 \end{bmatrix}, \quad P_1 = \mu_{1y}\mu_{2z} + \mu_{1z}\mu_{2y} \quad (6.21)$$

(2) 法向相对平衡态：

$$\boldsymbol{B} = \begin{bmatrix} 2KP+6 & KP_2 & 0 \\ KP_2 & -2KP+1 & 0 \\ 0 & 0 & -5 \end{bmatrix}, \quad P_2 = \mu_{1x}\mu_{2y} + \mu_{1y}\mu_{2x} \quad (6.22)$$

(3) 切向相对平衡态：

$$\boldsymbol{B} = \begin{bmatrix} -2KP+3 & 0 & KP_3 \\ 0 & 0 & 0 \\ KP_3 & 0 & 2KP-1 \end{bmatrix}, \quad P_3 = \mu_{1x}\mu_{2z} + \mu_{1z}\mu_{2x} \quad (6.23)$$

式中，$K = \dfrac{3\mu_0}{4\pi m_1 M_1 n_{\mathrm{CM}}^2 L^5}$；$P = \mu_{1z}\mu_{2z} - \mu_{1y}\mu_{2y}$。

对于线性化模型式 (6.20) 的矩阵 $\boldsymbol{A}$ 而言，分别存在稳定的(对应于实部为负的特征值)、不稳定的(对应于实部为正的特征值)及中心的(对应于实部为零的特征值)特征向量。其中，稳定特征向量 $\boldsymbol{V}^{\mathrm{s}}$ 及不稳定特征向量 $\boldsymbol{V}^{\mathrm{u}}$ 的各自线性组合分别形成稳定特征空间 $\boldsymbol{E}^{\mathrm{s}}$ 及不稳定特征空间 $\boldsymbol{E}^{\mathrm{u}}$。在系统相对平衡态 $\boldsymbol{X}^*$ 附近的小空间内(以乘性小量 ε 表征)，原系统的局部稳定流形 $\boldsymbol{W}^{\mathrm{s}}_{\mathrm{lol}}$、不稳定流形 $\boldsymbol{W}^{\mathrm{u}}_{\mathrm{lol}}$ 分别与稳定特征空间 $\boldsymbol{E}^{\mathrm{s}}$、不稳定特征空间 $\boldsymbol{E}^{\mathrm{u}}$ 相切[1]。因此，对应于 $\boldsymbol{X}^*$，其全局流形 $\boldsymbol{W}^{\mathrm{s}}$ (或 $\boldsymbol{W}^{\mathrm{u}}$) 计算为：将初始状态 $\boldsymbol{X}^{\mathrm{s/u}}_0 = \boldsymbol{X}^* \pm \varepsilon\cdot\boldsymbol{V}^{\mathrm{s/u}}$ 代入式 (6.20)，分别向 $t=\infty$ 及 $t=-\infty$ 积分，得到其近似全局流形(图 6.8)。

因此，两电磁航天器编队相对平衡态重构可基于流形开展，最大限度地利用不变流形的特性及电磁操控能力，有效减少惯性推进的使用，设计思路见图 6.9。图 6.9 中，$\boldsymbol{X}^*_1$ 为初始相对平衡态构型，$\boldsymbol{X}^*_2$ 为期望相对平衡态构型；构型重构沿

着 $\boldsymbol{X}_1^*$ 的不稳定流形出发，经过或不经过中间惯性推力作用（脉冲速度增量施加）过渡到 $\boldsymbol{X}_2^*$ 的稳定流形，然后沿着稳定流形不消耗推进剂地前进到 $\boldsymbol{X}_2^*$。

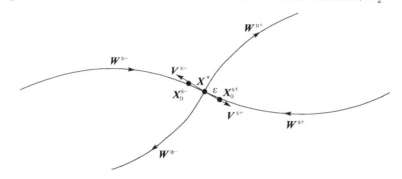

图 6.8　　两电磁航天器编队相对平衡态的全局流形数值求解

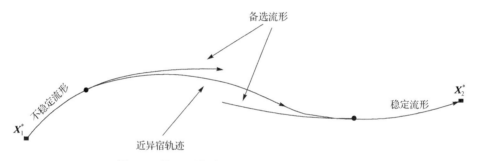

图 6.9　　基于不变流形的相对平衡态构型重构

3. 脉冲速度增量与电磁磁矩优化设计

1）确定稳定流形与不稳定流形连接时刻

选取时间区间 $0 \leqslant \tau_{\mathrm{m}}^{\mathrm{s}} \leqslant \tau_{\mathrm{max}}^{\mathrm{s}}$ 及 $0 \leqslant \tau_{\mathrm{n}}^{\mathrm{u}} \leqslant \tau_{\mathrm{max}}^{\mathrm{u}}$，分别计算 $\boldsymbol{X}_2^*$ 稳定流形、$\boldsymbol{X}_1^*$ 不稳定流形对应的离散状态 $\boldsymbol{W}^{\mathrm{s}}(\tau_{\mathrm{m}}^{\mathrm{s}}) \in \boldsymbol{W}^{\mathrm{s}}$，$\boldsymbol{W}^{\mathrm{u}}(\tau_{\mathrm{m}}^{\mathrm{u}}) \in \boldsymbol{W}^{\mathrm{u}}$，令离散变量 $\boldsymbol{\varGamma}(\tau_{\mathrm{n}}^{\mathrm{u}}, \tau_{\mathrm{m}}^{\mathrm{s}}) = \boldsymbol{W}^{\mathrm{s}}(\tau_{\mathrm{m}}^{\mathrm{s}}) - \boldsymbol{W}^{\mathrm{u}}(\tau_{\mathrm{m}}^{\mathrm{u}})$ 表征所选状态（或称为近异宿轨迹）之间的偏差。

将 $[0, \tau_{\mathrm{max}}^{\mathrm{s}}]$、$[0, \tau_{\mathrm{max}}^{\mathrm{u}}]$ 等分为 N 份（N 根据径向或法向编队设计），如图 6.10 所示。采用网格搜寻法，计算各节点对应的 $\boldsymbol{\varGamma}(\tau_{\mathrm{n}}^{\mathrm{u}}, \tau_{\mathrm{m}}^{\mathrm{s}}) = \|\boldsymbol{r}(\tau_{\mathrm{m}}^{\mathrm{s}}) - \boldsymbol{r}(\tau_{\mathrm{n}}^{\mathrm{u}})\|_1 + 1000 n_{\mathrm{CM}} \|\boldsymbol{v}(\tau_{\mathrm{m}}^{\mathrm{s}}) - \boldsymbol{v}(\tau_{\mathrm{n}}^{\mathrm{u}})\|_1$（$\boldsymbol{\varGamma}(\tau_{\mathrm{n}}^{\mathrm{u}}, \tau_{\mathrm{m}}^{\mathrm{s}})$ 为 6×1 列向量，为便于后续优化设计且考虑相对位置偏差与相对速度偏差之间的数量级差异性，采用向量 1 范数组合形式表征 $\boldsymbol{\varGamma}(\tau_{\mathrm{n}}^{\mathrm{u}}, \tau_{\mathrm{m}}^{\mathrm{s}})$ 的差异）；通过比较，得到对应于 $\boldsymbol{\varGamma}$ 最小的时间节点，以 $(\tau^{\mathrm{u}}, \tau^{\mathrm{s}})$ 进行表征。

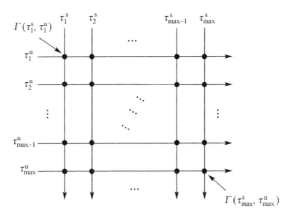

图 6.10 网格搜寻法确定期望的稳定流形与不稳定流形连接时刻 (τ^{u}, τ^{s})

2）优化目标与约束条件

期望设计目标为 $\Gamma(\tau^{u}, \tau^{s})$ 逐渐趋于 0，采取的控制方案为：$2N+1$ 个时刻施加脉冲速度增量，$2N$ 个阶段施加恒定的电磁磁矩控制。则对应的优化设计变量及其约束条件为

$$\begin{cases} U = \left[\Delta \boldsymbol{v}_1, \cdots, \Delta \boldsymbol{v}_{2N+1}, \boldsymbol{\mu}^1, \cdots, \boldsymbol{\mu}^{2N} \right]^{\mathrm{T}} \\ |\Delta \boldsymbol{v}_i| \leqslant \Delta v_{\max} \ (i = 1, 2, \cdots, 2N+1), \ |\boldsymbol{\mu}^k| \leqslant \mu_{\max} \ (k = 1, 2, \cdots, 2N) \end{cases} \tag{6.24}$$

式中，$\Delta v_{\max}$ 和 $\mu_{\max}$ 为对应装置能力阈值。

考虑脉冲速度增量施加总和 $\sum\limits_{k=1}^{2N+1} |\Delta \boldsymbol{v}_k|$ 最小且将期望设计目标 $\Gamma(\tau^{u}, \tau^{s}) = 0$ 引入优化目标函数，得到综合目标函数为

$$J = \sum_{k=1}^{2N+1} |\Delta \boldsymbol{v}_k| + \Gamma = \Delta V + \Gamma \tag{6.25}$$

3）脉冲速度增量与电磁磁矩数值优化

基于所建综合目标函数及控制量阈值约束条件，采用粒子群优化（particle swarm optimization，PSO）算法进行优化计算，得到满足任务需求 $\Gamma(\tau^{u}, \tau^{s}) = 0$ 与脉冲速度增量施加总和最小的控制量 U。

4. 仿真算例

数值仿真参数见表 6.1。

表 6.1 数值仿真参数

参数	数值	单位
n_{CM}	7.26×10^{-5}	rad/s
m	150	kg
L	25/50	m
μ_{1zS} (径向相对平衡态)	3587/20292	$A \cdot m^2$
μ_{1zS} (法向相对平衡态)	2071/11716	$A \cdot m^2$
Δv_{max}	1	mm/s
μ_{max}	30000	$A \cdot m^2$
ε	0.001	—
N	3	—

1) 全局流形

针对径向相对平衡态，从初始流形(对应两电磁航天器相距 $L = 25$m 的相对平衡态)积分 T_{CM} (质心轨道运行周期，$T_{CM} = 2\pi/n_{CM}$)，对应的全局流形如图 6.11 所示：稳定流形与不稳定流形对称，电磁航天器 1 与电磁航天器 2 的对应流形对称。同理，针对法向相对平衡态，从初始流形(对应两电磁航天器间相距 $L = 25$m 的相对平衡态)积分 $3T_{CM}$ ，对应的全局流形如图 6.12 所示。对比径向与法向流形可知，径向相对平衡态流形为平面构型，而法向相对平衡态流形为三维构型。

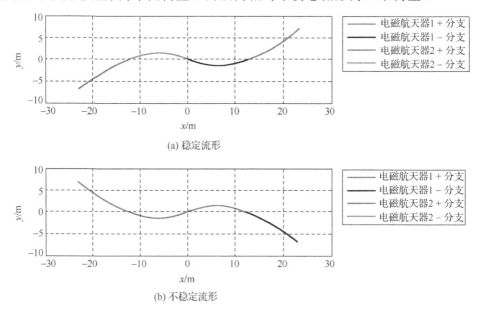

(a) 稳定流形

(b) 不稳定流形

图 6.11 径向 $L = 25$m 相对平衡态全局流形(见彩图)

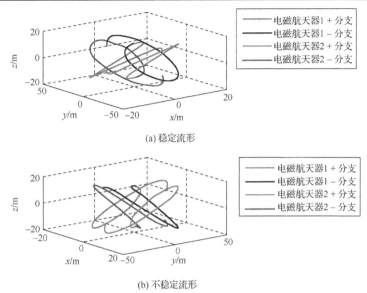

(a) 稳定流形

(b) 不稳定流形

图 6.12 法向 $L = 25\text{m}$ 相对平衡态全局流形(见彩图)

2)径向重构

针对从相对平衡态 $L = 25\text{m}$ 到相对平衡态 $L = 50\text{m}$ 的径向构型重构模式,根据前述理论设计,得到候选的不稳定流形-稳定流形切换模式如图 6.13 所示。取 $\tau_{\min}^{\text{u}} = \tau_{\min}^{\text{s}} = 0.3T_{\text{CM}}$, $\tau_{\max}^{\text{u}} = \tau_{\max}^{\text{s}} = T_{\text{CM}}$,得到的最优重构轨迹及脉冲速度增量施加节点如图 6.14 所示。对应的脉冲速度增量及电磁磁矩如图 6.15 所示。

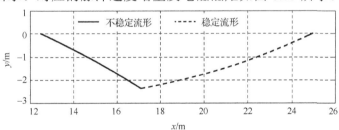

图 6.13 候选流形(径向 $L = 25\text{m} \rightarrow L = 50\text{m}$)

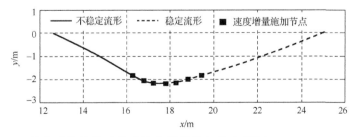

图 6.14 最优重构轨迹及脉冲速度增量施加节点(径向 $L = 25\text{m} \rightarrow L = 50\text{m}$)

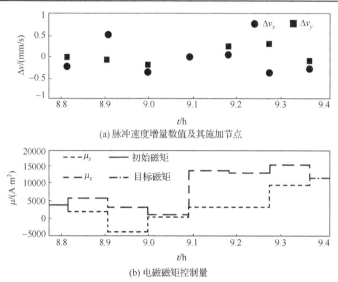

(a) 脉冲速度增量数值及其施加节点

(b) 电磁磁矩控制量

图 6.15 控制变量(径向 $L = 25\text{m} \rightarrow L = 50\text{m}$)

由图 6.15(a)分析可知,基于不变流形设计的径向 $L = 25\text{m} \rightarrow L = 50\text{m}$ 重构消耗脉冲速度增量仅为 3.85mm/s。

3) 法向重构

针对从相对平衡态 $L = 25\text{m}$ 到相对平衡态 $L = 50\text{m}$ 的法向重构模式,根据前述理论设计,得到候选的不稳定流形-稳定流形切换模式如图 6.16 所示。取 $\tau_{\min}^{\text{u}} = \tau_{\min}^{\text{s}} = T_{\text{CM}}$、$\tau_{\max}^{\text{u}} = \tau_{\max}^{\text{s}} = 3T_{\text{CM}}$,得到的最优重构轨迹及脉冲速度增量施加节点如图 6.17 所示。对应的脉冲速度增量及电磁磁矩如图 6.18 所示。

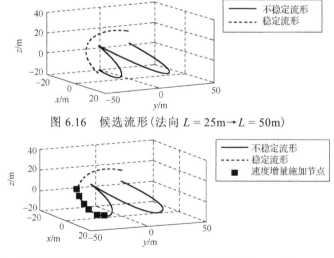

图 6.16 候选流形(法向 $L = 25\text{m} \rightarrow L = 50\text{m}$)

图 6.17 最优重构轨迹及脉冲速度增量施加节点(法向 $L = 25\text{m} \rightarrow L = 50\text{m}$)

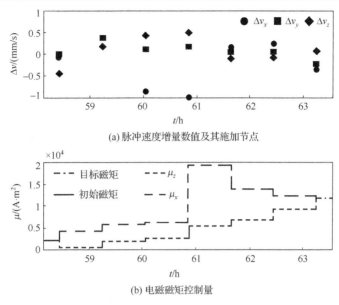

(a) 脉冲速度增量数值及其施加节点

(b) 电磁磁矩控制量

图 6.18　控制变量(法向 $L = 25\text{m} \rightarrow L = 50\text{m}$)

　　由图 6.18 分析可知,基于不变流形设计的法向 $L = 25\text{m} \rightarrow L = 50\text{m}$ 重构消耗脉冲速度增量仅为 5.71mm/s。

6.2　基于电磁自对准/自对接特性的航天器柔性对接

6.2.1　动力学模型及"星间电磁+磁通钉扎作用"力学模型

　　两电磁航天器分别以 C、T 表征,对应的相关参数以下标 C 和 T 区别。电磁航天器基本物理参数为:质量 m、转动惯量矩阵 $\boldsymbol{I}$;3 套电磁线圈沿航天器体轴两两垂直布置,以 $(\mu_{xb}, \mu_{yb}, \mu_{zb})$ 表征其磁偶极子磁矩在电磁航天器体坐标系的投影分量。假定两电磁航天器系统质心(以 CM 表征)沿圆轨道(轨道高度 h)运行,以 CM 处 Hill 坐标系作为相对运动建模参考系。参照 Hill 方程推导,得到 C 相对于 T 的平动动力学模型为

$$\begin{cases} \ddot{x}_{\text{TC}} - 2n\dot{y}_{\text{TC}} - 3n^2 x_{\text{TC}} = 2F_{\text{C}x\text{CM}}/m \\ \ddot{y}_{\text{TC}} + 2n\dot{x}_{\text{TC}} = 2F_{\text{C}y\text{CM}}/m \\ \ddot{z}_{\text{TC}} + n^2 z_{\text{TC}} = 2F_{\text{C}z\text{CM}}/m \end{cases} \tag{6.26}$$

式中,$(x_{\text{TC}}, y_{\text{TC}}, z_{\text{TC}})$ 为 C 相对于 T 距离 $\boldsymbol{\rho}_{\text{TC}}$ 在 CM 处 Hill 坐标系的投影分量;

$n_{\text{CM}} = \sqrt{\dfrac{\mu_{\text{E}}}{(R_{\text{E}} + h)^3}}$ 为质心轨道运动角速度，μ_{E} 和 R_{E} 分别为地球引力常数与地球半径；$(F_{\text{CxCM}}, F_{\text{CyCM}}, F_{\text{CzCM}})$ 为 T 作用于 C 的电磁力在 CM 处 Hill 坐标系的投影分量。

采用星间电磁+磁通钉扎作用模式进行柔性对接控制设计，一维星间电磁+磁通钉扎作用构型如图 6.19 所示。图中，采用了超导磁通钉扎作用的镜像磁偶极子表示[2]，M 和 F 分别表征移动及冻结磁偶极子，冻结磁偶极子的磁矩为 μ_{FP}，d_{FC} 为场冷距离，d 为控制磁偶极子与超导体表面的实际相对距离，d_{f} 为期望对接位置。

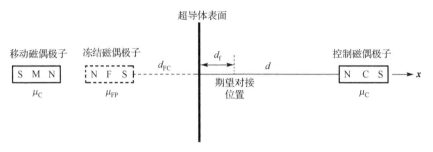

图 6.19　一维星间电磁+磁通钉扎作用构型

图 6.19 中，控制磁偶极子所受作用力包括冻结磁偶极子施加的 $\boldsymbol{F}_{\text{FC}}$ 和移动磁偶极子施加的 $\boldsymbol{F}_{\text{MC}}$ 两项，表示为

$$\boldsymbol{F}_{\text{C}} = \boldsymbol{F}_{\text{MC}} + \boldsymbol{F}_{\text{FC}} \tag{6.27}$$

式中

$$\begin{cases} \boldsymbol{F}_{\text{MC}} = \dfrac{3\mu_0}{2\pi} \dfrac{\mu_{\text{C}}^2}{(2d)^4} \hat{\boldsymbol{x}} \\[3mm] \boldsymbol{F}_{\text{FC}} = -\dfrac{3\mu_0}{2\pi} \dfrac{\mu_{\text{C}}\mu_{\text{FP}}}{(d + d_{\text{FC}})^4} \hat{\boldsymbol{x}} \end{cases} \tag{6.28}$$

二维星间电磁+磁通钉扎作用构型如图 6.20 所示：超导体表面绕 z 轴逆时针旋转角度 α_{S}。

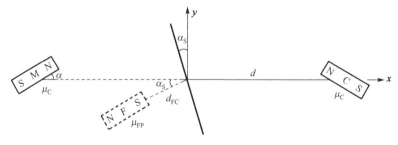

图 6.20　二维星间电磁+磁通钉扎作用构型

图 6.20 中，移动磁偶极子对控制磁偶极子的作用力为

$$\begin{cases} F_{MCx} = \dfrac{3\mu_0\mu_C^2}{64\pi d^4}\left(1+\cos^2\alpha\right) \\ F_{MCy} = 0 \end{cases} \quad (6.29)$$

基于图 6.20，建立对应的冻结磁偶极子作用相对距离与姿态角如图 6.21 所示，作用力/力矩计算分两步进行：首先，基于磁偶极子质心连线坐标系 O_1-$x_1y_1z_1$ 计算冻结磁偶极子作用于控制磁偶极子的电磁力与电磁力矩以及控制磁偶极子作用于冻结磁偶极子的电磁力矩；其次，将作用力由 O_1-$x_1y_1z_1$ 坐标系旋转至超导体表面坐标系 O-xyz。

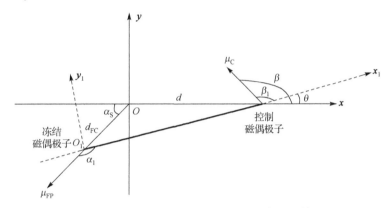

图 6.21 二维星间电磁+磁通钉扎作用计算

冻结磁偶极子与控制磁偶极子之间距离为

$$d_1 = \sqrt{d^2 + d_{FC}^2 - 2dd_{FC}\cos(\pi-\alpha_S)} \quad (6.30)$$

冻结磁偶极子与两磁偶极子质心连线的夹角为

$$\alpha_1 = \pi - \arcsin\left[\frac{d}{d_1}\sin(\pi-\alpha_S)\right] \quad (6.31)$$

O_1-$x_1y_1z_1$ 坐标系到 O-xyz 参考系的旋转按 O_1z_1 顺时针旋转 θ，计算为

$$\theta = \arcsin\left[\frac{d_{FC}}{d_1}\sin(\pi-\alpha_S)\right] \quad (6.32)$$

则控制磁偶极子与两磁偶极子质心连线的夹角为

$$\beta_1 = \beta - \theta \quad (6.33)$$

将式(6.30)、式(6.31)和式(6.33)代入控制磁偶极子所受电磁力表达式(6.34)即可得到 O_1-$x_1y_1z_1$ 坐标系所对应的电磁力。

$$\begin{cases} F_{\mathrm{FC}x1} = -\dfrac{3\mu_0\mu_{\mathrm{FP}}\mu_{\mathrm{C}}}{4\pi d_1^4}(2\cos\alpha_1\cos\beta_1 - \sin\alpha_1\sin\beta_1) \\[4mm] F_{\mathrm{FC}y1} = \dfrac{3\mu_0\mu_{\mathrm{FP}}\mu_{\mathrm{C}}}{4\pi d_1^4}\sin(\alpha_1+\beta_1) \end{cases} \tag{6.34}$$

将式(6.34)左乘 $O_1\text{-}x_1y_1z_1$ 参考系到 $O\text{-}xyz$ 参考系的旋转矩阵 $^{O_1}\boldsymbol{M}^O$(式(6.35))即可得到 $o\text{-}xyz$ 参考系所对应的电磁力。

$$^{O_1}\boldsymbol{M}^o = \begin{bmatrix} \cos\theta & -\sin\theta & 0 \\ \sin\theta & \cos\theta & 0 \\ 0 & 0 & 1 \end{bmatrix} \tag{6.35}$$

将式(6.30)、式(6.31)和式(6.33)代入控制磁偶极子所受电磁力矩表达式(6.36)即可得到 $O\text{-}xyz$ 坐标系所对应的电磁力矩。

$$\begin{cases} \tau_{\mathrm{CF}} = -\dfrac{\mu_0\mu_{\mathrm{FP}}\mu_{\mathrm{C}}}{4\pi d_1^3}\big(\cos\alpha_1\sin\beta_1 + 2\sin\alpha_1\cos\beta_1\big) \\[4mm] \tau_{\mathrm{FC}} = -\dfrac{\mu_0\mu_{\mathrm{FP}}\mu_{\mathrm{C}}}{4\pi d_1^3}\big(\cos\beta_1\sin\alpha_1 + 2\sin\beta_1\cos\alpha_1\big) \end{cases} \tag{6.36}$$

式中，τ_{FC}、τ_{CF} 分别为冻结磁偶极子作用于控制磁偶极子、控制磁偶极子作用于冻结磁偶极子的电磁力矩。

6.2.2　磁通钉扎辅助的电磁柔性对接控制设计

以转道面法向(H-bar 向)柔性对接设计为例，H-bar 向对接模式可简化为一维对接情形，考虑磁通钉扎的阻尼效应(阻尼系数取 k_{d})，综合式(6.26)和式(6.28)可得对应动力学模型为

$$\ddot{z}_{\mathrm{TC}} + k_{\mathrm{d}}\dot{z}_{\mathrm{TC}} + n^2 z_{\mathrm{TC}} = \frac{3\mu_0\mu_{\mathrm{C}}}{\pi m}\left[\frac{\mu_{\mathrm{C}}}{(2z_{\mathrm{TC}})^4} - \frac{\mu_{\mathrm{FP}}}{(z_{\mathrm{TC}}+z_{\mathrm{FC}})^4}\right] \tag{6.37}$$

式中，控制变量取为 μ_{C}。

期望对接位置为 z_{TCf}，对接位置处的速度与加速度满足 $\dot{z}_{\mathrm{TCf}} = 0$ 及 $\ddot{z}_{\mathrm{TCf}} = 0$，代入式(6.37)并令

$$a = \frac{3\mu_0}{(2z_{\mathrm{TCf}})^4\pi m}, \quad b = -\frac{3\mu_0\mu_{\mathrm{FP}}}{(z_{\mathrm{TCf}}+z_{\mathrm{FC}})^4\pi m}, \quad c = -n^2 z_{\mathrm{TCf}} \tag{6.38}$$

则控制变量 μ_{C} 满足

$$a\mu_{\mathrm{C}}^2 + b\mu_{\mathrm{C}} + c = 0 \tag{6.39}$$

由式 (6.39) 分析可知，$b^2 - 4ac > 0$，因此 μ_C 可取两个实数解中的正值解，为

$$\mu_C = \frac{-b + \sqrt{b^2 - 4ac}}{2a} \tag{6.40}$$

文献[2]通过数值分析与地面试验验证，给出了磁通钉扎阻尼系数可取 $k_d = 0.2\text{N} \cdot \text{s} / \text{m}$。设定轨道高度为 500km、电磁航天器与超导航天器质量一致且取为 200kg，$z_{TCf} = 0.015\text{m}$，$z_{FC} = 0.02\text{m}$，$\mu_{FP} = 1000\text{A} \cdot \text{m}^2$。将相关参数代入式 (6.40) 求解，得

$$\mu_C = 540\text{A} \cdot \text{m}^2 \tag{6.41}$$

给定初始相对位置为 $z_{TC0} = 0.03\text{m}$，相对速度为 0，引入超导磁通钉扎作用且施加式 (6.41) 所示控制磁矩，进行数值仿真分析，得到相对位置、相对速度及磁通钉扎电磁力变化曲线如图 6.22 所示。分析可知，超导磁通钉扎辅助作用下，基于恒定控制磁矩模式，电磁航天器能实现与超导航天器柔性对接；对接过程的阻尼偏小，在期望对接位置/速度存在一定的小幅振荡。因此，如能基于主动速度反馈控制，给对接过程引入速度阻尼，控制性能可有较大提升；假设通过主动控制，使阻尼系数 k_d 由 0.2 增大为 20，对应的相对位置、相对速度及磁通钉扎电磁力变化曲线如图 6.23 所示，分析仿真结果可知满足设计预期。

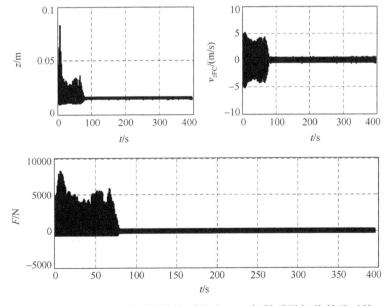

图 6.22　相对位置/相对速度/磁通钉扎电磁力 (H-bar 超导磁通钉扎辅助对接，k_d=0.2)

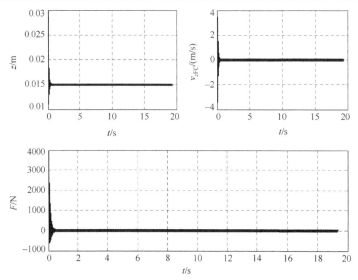

图 6.23　相对位置/相对速度/磁通钉扎电磁力(H-bar 超导磁通钉扎辅助对接，k_d=20)

6.2.3　地面试验数据分析

前期，在相关项目支持下，作者联合中国科学院微小卫星创新研究院开展了地面气浮平台电磁对接功能与性能、柔性对接控制算法演示验证试验。地面气浮平台、电磁装置、电磁对接模拟星实物如图 6.24～图 6.26 所示。基于试验数据整理，得到相对位置与相对速度、相对姿态角与相对姿态角速度、控制电流与反作用飞轮力矩随时间的变化曲线如图 6.27～图 6.31 所示。

图 6.24　地面气浮平台

图 6.25　电磁装置　　　　　　　　　　图 6.26　电磁对接模拟星

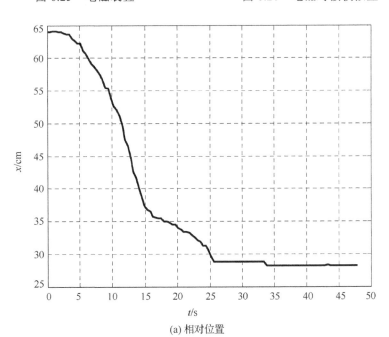

(a) 相对位置

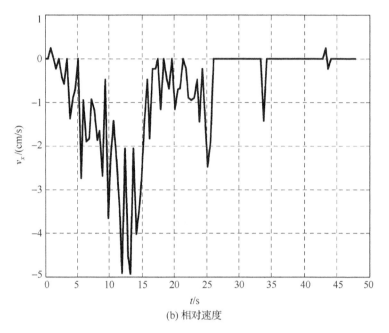

(b) 相对速度

图 6.27 主对接轴向相对位置与相对速度

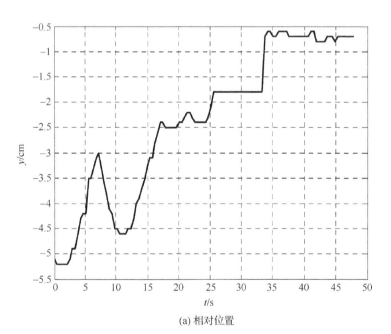

(a) 相对位置

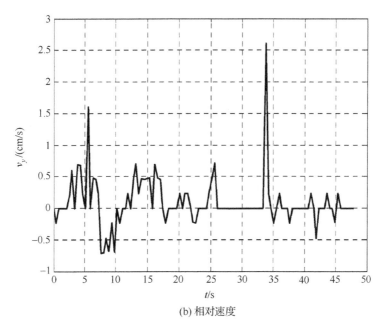

(b) 相对速度

图 6.28 横向相对位置与相对速度

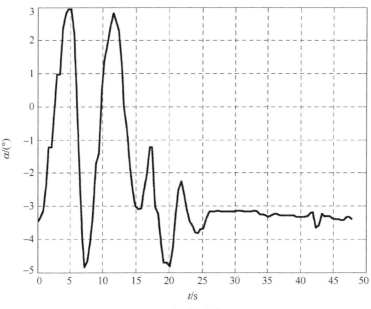

(a) 相对姿态角

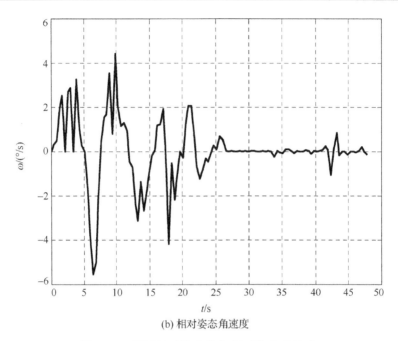

(b) 相对姿态角速度

图 6.29　平面相对姿态角与相对姿态角速度

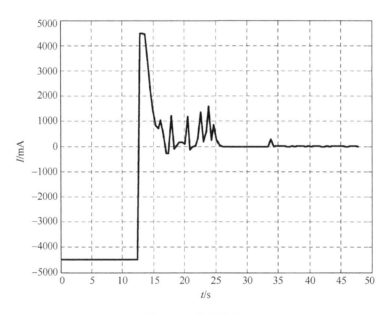

图 6.30　控制电流

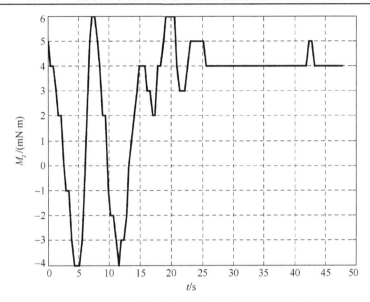

图 6.31　反作用飞轮力矩 M_z 变化的曲线

由试验数据分析可知，主对接轴向相对位置逐渐减小到期望对接值，横向距离也减小到 0 附近较小值；对接速度满足所设定的柔性对接需求（小于1mm/s）；平面相对姿态角存在一定偏差，主要为电磁对接装置未固定的缘故，存在的微小偏差处于合理范围内。因此，地面试验结果很好地验证了前述柔性电磁对接控制算法设计。

6.3　本　章　小　结

本章主要给出了综合利用星间可控场力作用特性的两类航天任务控制设计：基于星间可控场力作用相对平衡态的构型重构、基于电磁自对准/自对接特性的航天器柔性对接。通过数值仿真与地面试验，较好地验证了利用星间可控场力作用特性下控制设计简易性、性能优化性等优势。

(1)综合利用电磁航天器操控内在特性，通过脉冲速度增量及电磁磁矩控制优化设计，使航天器构型重构尽量多地沿着电磁操控流形延展，较少消耗燃料且具有一定的内在稳定性。

(2)综合利用电磁力/力矩作用的自对准/自对接特性、远距离时星间超导电磁作用能力、近距离时超导磁通钉扎作用的被动稳定/阻尼特性，可设计得到满足柔性对接速度需求的电磁航天器对接控制律。

参 考 文 献

[1] Parker T S, Chua L O. Practical Numerical Algorithms for Chaotic Systems[M]. New York: Springer-Verlag Press, 1989.

[2] Jones L L. The dynamics and control of flux-pinned space systems: Theory and experiment[D]. New York: Cornell University, 2012.

彩　　图

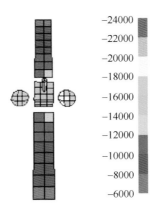

图 3.2　航天器表面电势（单位为 V）

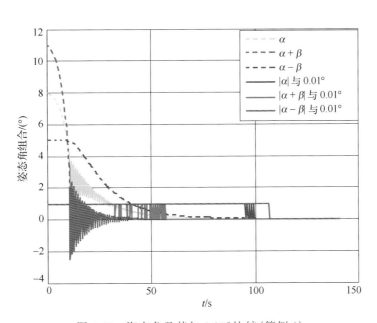

图 4.22　姿态角及其与 0.01° 比较（算例 1）

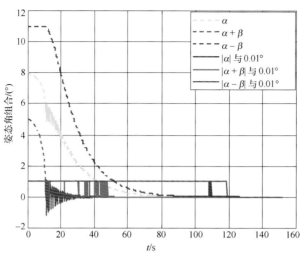

图 4.23　姿态角及其与 0.01°比较(算例 2)

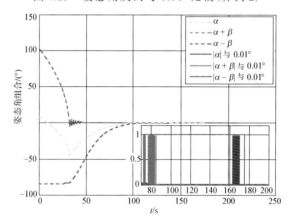

图 4.24　姿态角及其与 0.01°比较(算例 3)

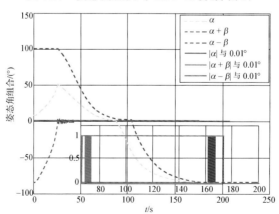

图 4.25　姿态角及其与 0.01°比较(算例 4)

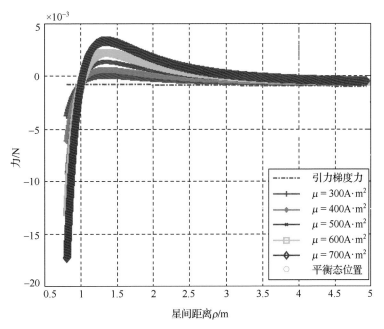

图 5.20 引力梯度力/磁通钉扎效应力与相对平衡态(径向分布)

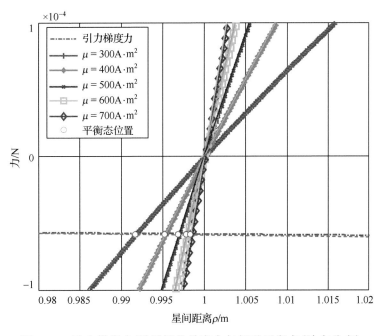

图 5.21 引力梯度力/磁通钉扎效应力与相对平衡态(法向分布)

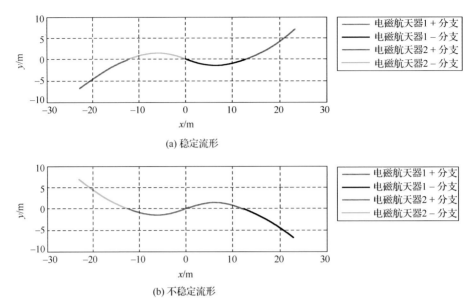

(a) 稳定流形

(b) 不稳定流形

图 6.11　径向 $L = 25\mathrm{m}$ 相对平衡态全局流形

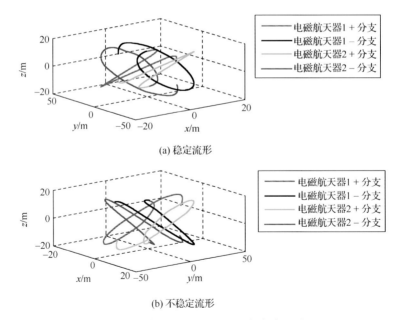

(a) 稳定流形

(b) 不稳定流形

图 6.12　法向 $L = 25\mathrm{m}$ 相对平衡态全局流形